香港註冊中醫師　岑祥庚　著

中藥・針灸_與 試管嬰兒（IVF）

全面解構中醫療程如何輔助以試管嬰兒受孕

- 應否做PGS？
- 為什麼會不孕？
- 什麼是試管嬰兒（IVF）？
- 如何理解IVF的成功率？
- 如何調理身體準備IVF療程？
- IVF療程中可否服用中藥？
- 中醫療程與西醫療程會否相沖？
- 針灸中藥能治理與不孕相關的婦科病？

作　　　　者		香港註冊中醫師　岑祥庚
書　　　　名		中藥‧針灸與試管嬰兒（IVF）
出　　　　版		超媒體出版有限公司
地　　　　址		荃灣海盛路 11 號 One MidTown 2913 室
出 版 計 劃 查 詢		（852）3596 4296
電　　　　郵		info@easy-publish.org
網　　　　址		http：//www.easy-publish.org
香 港 總 經 銷		香港聯合書刊物流有限公司
出 版 日 期		2020 年 4 月
圖 書 分 類		懷孕育兒
國 際 書 號		978-988-8670-54-3
定　　　　價		HK$80

Printed and Published in Hong Kong

目錄 Contents

序言

以中醫理論方法輔助備孕的書有很多很多，但配合 IVF（一般稱為試管嬰兒）的卻絕無僅有。故此筆者希望透過這本小書，使讀者瞭解中醫在這方面，是可以產生很大的助力，這是編寫這本小書原動力之一。刻下全球已有超過 500 萬名試管嬰兒，世界上首個試管嬰兒於 1978 年 7 月在英國誕生，如今她已是一個男孩的母親。全球利用試管嬰兒生育技術迅速蔓延。雖然這方面技術比以前已進步很多，但成功率仍偏低，年齡較大或卵巢功能差的患者成功率更低。而做一次 IVF 的費用也甚昂貴，在香港私家 IVF 中心／醫院做一次，一般約需港幣 9 至 15 萬元。而過程中所受之心理及生理煎熬，更非筆墨所能形容。而中醫藥及針灸數千年來用於不孕不育，素有成效。故世界各地，均有用之於配合現代之輔助生育科技（例如 IVF），以提高成功率。本書對這方面將全面解構。

本書大部份章節都是討論中醫藥針灸如何在 IVF 中發揮作用，但亦有少量章節在筆者工作體會的基礎上，討論一些具爭議性的題目。有朋友表示，IVF 基本上是西醫範圍，其中相當部份例如 PGS（詳見內文），即使在西醫中也未有統一共識，中醫更未必適宜加入討論。其實筆者在 IVF 這個「行業」中，既非局內人（IVF 西醫及實驗室人員），亦非局外人（對 IVF 沒有任何利益關係，也沒有任何工作關係），局內人當然資訊多多，但對某些未有統一意見的題目卻因本身

人在局中，作為人數非常稀少（以香港而言）的 IVF 局內人，反而不願多談。局外人則因缺乏資訊與體驗，更不可能編寫此書。筆者這個局內與局外之間的兩邊不是人的人，對 IVF 雖然不是專家，但仍是有丁點認識，加上長時間接觸 IVF 病人，頗瞭解她們在 IVF 療程中遇到的問題，故筆者相信自己對某些事情的看法對讀者應有些少參考價值，此亦是直接間接推動筆者編寫這本小書的原因。

正常的夫婦性行為，是有性有育；避孕丸的發明，開啟了有性無育的一頁；IUI/IVF 的發明，則開啟了有育無性的一頁。中藥針灸加上 IUI/IVF，更開啟了以人為本，人工助孕新一頁。

本書適合打算，或正在接受各種人工輔助生育治療的女性。對患有不孕症或嘗試自然成孕一段時間仍未能成功的女性也有參考價值。執筆寫此序文時，剛得悉香港某醫院提供「自然生育科技」服務，主要是透過分析婦女某些生理指標以藥物或手術配合婦女的自然週期，去改善婦女的健康，維持正常的週期，增加婦女的生育力以及改善子宮孕育環境達至自然受孕。覺得若能加上針灸中藥，效果將大大增強。

本書所提到的中西藥穴位艾灸，讀者不宜自行採用或按壓，應向合資格中醫查詢。輔助生育科技日新月異，當讀者閱讀此書時，有關科技可能已有所更新，故書中所提及的，若有疑問，亦應向合資格人士查詢。

由於中藥，針灸用在 IVF 上也不斷更新進步，故筆者也開了一個 facebook 專頁：fb.me/ivftcm，以方便繼續跟進。

　　筆者也借此機會多謝池玲博士（Dr. Chi Ling）於百忙中抽空審閱本書部份章節並給予寶貴意見。Dr. Chi 是香港中文大學 Master of Science in Reproductive Medicine and Clinical Embryology 課程總監，也是筆者的老師。Dr. Chi 來港前在美國長時間從事 IVF 方面的工作及研究，更是美國 IVF 實驗室的評審官（Inspector for IVF laboratory in USA）。在此再次多謝池玲博士。

編者簡介

　　岑祥庚。香港註冊中醫師，擁有中醫婦科博士，中醫碩士，針灸碩士及心臟科碩士學位。對治理不孕症或以中醫藥配合 IVF 療程的患者有豐富經驗。香港中文大學首屆「生殖醫學與臨床胚胎學」（MSc in Reproductive Medicine and Clinical Embryology）碩士畢業。此課程亦是香港暫時唯一與 IVF 相關的碩士課程。

　　facebook：中醫，中藥，針灸與 IVF

中醫孕育觀

　　孕育，即古時的「嗣育」、「種子」之意。孕育觀，是指對懷孕和生育的想法、思維及概念，從傳統中醫典籍裏，中醫的孕育觀，其實與現代孕育觀念，非常脗合，非常科學。

1. 女性生育，年齡決定一切

　　《素問·上古天真論》有一段論述男女生長發育週期的話：「女子七歲，腎氣盛，齒更髮長；二七而天癸至，任脈通，太衝脈盛，月事以時下，故有子；三七，腎氣平均，故真牙生而長極；四七，筋骨堅，髮長極，身體盛壯；五七，陽明脈衰，面始焦，髮始墮；六七，三陽脈衰於上，面皆焦，髮始白；七七，任脈虛，太衝脈衰少，天癸竭，地道不通，故形壞而無子也」。

　　《素問》，是現存最早的中醫理論著作，約成書於戰國時期（西元前 5 世紀 – 西元前 221 年，即距今約 2200 多年前至 2500 多年前）。古人當時已發覺女性 14 歲（二七）時各種性荷爾蒙開始分泌（天癸至），性器官開始成熟，故有月經 / 初潮，開始具備生育能力。至 35（五七）歲時身體開始走下坡，至 49 歲性荷爾蒙枯竭，步入更年期，亦不可能

生育。可見古人以 35 歲為分水嶺，之前仍可有子，之後就困難了。現代一般以 35 歲或之後視為生育高齡，美國生殖醫學學會亦以 35 歲為生育年齡分水嶺，更表示女性若決定 35 歲後才懷孕，應尋找適當治療資訊，並應以實際態度看待相關的生育治療的成功率「……remaining realistic about the chances for success with infertility therapy」[ASRM-2012]。年齡大了，不單懷孕難，懷上了，孕婦病痛也較多，嬰兒患上先天性疾病風險也較大。女方年齡之重要，在日常面對 IVF 病人時，感受極深。胚胎評級較低，各種荷爾蒙指數也較差，只要年齡不大，她成孕／活產的機率仍比胚胎評級高，各種荷爾蒙指數也好，但年齡偏大的為好。

2. 男性可不一樣

　　以下同樣是出至《素問・上古天真論》，關於男性：「丈夫八歲，腎氣實，髮長齒更；二八，腎氣盛，天癸至，精氣溢瀉，陰陽和，故能有子；三八，腎氣平均，筋骨勁強，故真牙生而長極；四八，筋骨隆盛，肌肉滿壯；五八，腎氣衰，髮墮齒槁；六八，陽氣衰竭於上，面焦，髮鬢頒白；七八，肝氣衰，筋不能動；八八，天癸竭，精少，腎臟衰，形體皆極，則齒髮去」

　　相對女性每七歲為一個階段，可見男性是每八歲為一個階段。這亦附合現代的認識－男性較為遲熟。同樣是第五個階段（40 歲，五八）身體開始走下坡。值得留意的是，女性至 49 歲性荷爾枯竭，步入更年期，亦不可能生育。但男性是 64 歲（八八天癸竭，精少……）才步入男性更年期，除

了需更長時間外，更與女性不同是沒有「地道不通，故形壞而無子也」類似的文字。故少數男性即使「⋯⋯天癸竭，精少，腎臟衰」，但他的精子仍可能具備生育能力！故我們間中仍有「60歲做爸爸」的故事，但極少極少「60歲做媽媽」的故事。當然，不論男女，筆者絕不支持超高齡產子。而且高齡爸爸似乎與後代患上部份精神科疾病（例如自閉症，思覺失調症等）的機率有關 [Hilde-2017]。

3. 男女雙方均需身體健康，精強卵壯

《靈樞・本神》中說「兩精相搏謂之神」。兩精，指男女兩方的負責生殖之精；神，是指具有生機之物體。全句意思是：男女兩精結合而成胎元，繼之演化成形神兼備之胎兒。《靈樞經》，與《素問》合稱《黃帝內經》，是現存最早的中醫理論著作，約成書於戰國時期。

清朝康熙年間的《女科正宗》記載「男精壯而女經調，有子之道也」。說明男女雙方生殖之精健康正常，陰陽平衡完實，發育健全，是受孕的必備條件。由於在中醫裏有「腎主生殖」之說，故中醫在處理不孕病人，皆以強壯身體（即前文所說的「陰陽平衡完實」），調補腎氣為大法，以改善精子卵子質素。這個看似「阿媽是女人」的常識，放到當今人工助孕的年代裏，卻全不管用。弱精的，IVF 醫生會說「只要有一條活的精子便 Ok」；卵子質素差，數量少，IVF 醫生會說「多抽幾次卵便 Ok」，完全不用把身體改善。主流醫學有說法是精卵質素皆不能改善，故宜盡快做 IVF，但筆者所見，很多 IVF 醫生在 IVF 療程中也「處方」大量補健品給

病人包括男女雙方，表示對精卵質素有幫助，充分反映了這方面的互相矛盾。但筆者更要說的是，有很多精弱卵差腎氣虛衰而年齡不太大的夫婦，不經調治身體便逕自進行 IVF 療程，她／他們其實是濫用了 IVF！只要年齡不太大，其實可先調理幾個月，很大機會調至「男精壯而女經調」，從而自然受孕。即使最終要做 IVF，成績也會比不經調理的好得多。

成書於明代的《婦人規》說「故以人之稟賦言，則先天強厚者多壽，先天薄弱者多夭」，即子女體質之強弱及健康狀況，與父母之體質有密切關系。以現代遺傳學角度來看，除了一些遺傳病外，若以體質而論，並不盡然，但以社會學角度來看，卻非常有意義，若父母體弱多病，那有體力、時間、資源去培育子女？反之，若父母體格強壯，對培育子女，便相對得心應手，子女成長，亦更順暢。

4. 調經種子

上文說到「女子七歲，腎氣盛，齒更發長；二七而天癸至，任脈通，太沖脈盛，月事以時下，故有子……」。清代的中醫婦科典籍《女科要旨》亦說「婦人無子，皆因經水不調」，「種子之法，即在於調經之中」。可見在傳統中醫學說裏，正常月經，是孕育的重要條件，故有「調經種子」之說。

根據現代醫學，正常的月經是排卵功能正常的重要標誌，而調節機制主要與下丘腦 - 垂體 - 卵巢軸有關。月經不調可能與內分泌功能失調性疾病及部分器質性疾病有關。 如月經過少常見卵巢功能低下、宮腔粘連等；經期延長常見於

黃體功能不全、盆腔炎等。此類疾病引起不孕的機理，通過對月經週期不同階段的中藥針灸調理，能改善內分泌紊亂、調節身體內部免疫環境，在卵泡期促進卵泡生長，在排卵期促使卵泡破裂；在黃體期改善內膜容受性及黃體功能，有助胚胎著床，妊娠成功。這些好處，不論是想自然懷孕，做 IVF 或 IUI，都有幫助。而現代中醫，以調經種子之法治療不孕時，除以傳統之辨證施治以外，多配合「週期療法」-即根據月經週期之不同階段－經後期、排卵期、經前期、及行經期而採用不同治法。這個「週期療法」亦是中醫婦科學在吸收現代醫學後與傳統中醫理論融合的一大突破。

5. 反對早婚

《褚氏遺書》說：「男雖十六而精通，必三十而娶；女雖十四而天癸至，必二十而嫁。皆欲陰陽氣血完實，而後交合……則交而有孕，孕而育，育而為子，堅壯強壽」。 上文提到男子「二八，腎氣盛，天癸至，精氣溢瀉」，女子「二七而天癸至，任脈通，太沖脈盛，月事以時下」，可見女性 14 歲，男性 16 歲已具備生育能力，這點亦與現代的生理知識相同。但成書於南齊（西元 479 年 – 502 年）的《褚氏遺書》卻主張男性 30 歲，女性 20 歲，身體壯實及已發育成熟，方才婚嫁有子，這個年齡誕下的小孩也強壯長壽。而父母雙方思想步入成熟階段，對教養兒女更為理想。這段文字也打破了一般人以為中國古代是流行早婚的觀念。

6. 未孕先調，預培其損，預防流產

　　連續 3 次或 3 次以上自然流產者稱為習慣性流產 ，中醫稱為「滑胎」。一般多與遺傳因素、母體內分泌失調、免疫學因素，子宮構造等有關。但大部份均屬「原因不明」。成書於明代的《婦人規》已有章節「數墮胎」（反復流產）討論此問題 ，並指出：「凡治墮胎者，必當察此養胎之源，而預培其損，保胎之法，無不出於此」。所謂預培其損，即針對婦人體質中，臟腑經絡氣血的潛在病理因素提前進行調理改善，以期使母體氣血充盛，避免屢孕屢墮之患。筆者對此亦有體會，曾治一慣性流產的病人，經調治三個月後懷上了，但仍流掉，再調治多三個月後，再次懷孕，最終足月誕下麟兒。事實上，對「原因不明」的習慣性流產，現代主流醫學未有應對之法，偏偏大多數流產都是這個類型。預培其損，預防流產，成為中醫婦產科一大特色。筆者估計其中原因，不外乎經調理後，卵子質素大幅改善，子宮環境也變得更理想，免疫系統也理順，故胎兒最終能順利足月生產。每個人，無論看來怎樣健康（包括各種身體檢查），總有一些將病未病的亞健康狀態（Sub-clinical，sub-healthy），而中醫善於「治未病」，透過各種調理從而改善身體的亞健康狀況，從而預防流產。近年對慣性流產的研究熱點是孕婦的免疫系統紊亂，而透過中藥針灸的「預培其損」，對減少女性懷孕前 / 後免疫系統紊亂，大有幫助，此亦可能是中醫藥能預防流產原因之一。

　　最新應對習慣性流產的方法是做 IVF 加上 PGS（有

另文討論 PGS）。但若夫婦雙方沒有染色體方面的問題，
PGS 未必能幫上忙。

7. 重視胎教

胎教並沒有明確的定義，懷孕時的各種心理狀態，環境
因素、情緒刺激、生活方式等，有利於胎兒在母體內健康生
長，都可算是胎教的一部分。胎教可以開始於剛懷孕時、或
甚至是備孕的時候，就可以開始做胎教。

宋朝《婦人大全良方》中專列「胎教門」，標誌著中醫
胎教思想系統的形成，提出「妊娠之後，則須行坐端嚴，性
情和悅，……耳不聞非言，目不觀惡事」，並要「調喜怒，
寡嗜欲」，保持平和穩定的情緒，「如此則生男女福壽敦厚，
忠孝賢明」。否則，「則多鄙賤不壽而愚」。提出孕婦的情
緒及修養與胎兒發育的正常與否有密切的關係。有研究 [宋
維炳 -1993] 証實了胎兒期母子間資訊相互作用的真實性。同
時指出：胎兒期至新生兒期以及嬰幼兒期確是一個連續的過
程，胎教應開發為兒童早期教育 / 優生教育一部分。

8. 適當時機

明代王肯堂撰《證治準繩‧女科》裏有這段文字：「天
地生物，必有絪縕之時，萬物化生，必有樂育之時，此天然
之節候，生化之真機也……凡婦人一月經行一度，必有一日
絪縕之候，……此的候也，……順而施之則成胎矣」。意思
是指天地萬物，必有情慾高脹之時，即一般所講的發情期，
而這個時間正是進行性行為懷孕最佳時間。同樣道理，女性

在每個月經週期裏，必有一天情慾最高脹，圍繞這天的日子同房，懷孕機會較高。用現代醫學角度，絪縕之候或的候，其實均是指排卵期。可見古人已知道，要女性懷孕，須在絪縕之候或的候，機會才高。偏偏很多夫婦基於很多原因經常不能在絪縕之候或的候同房，磋跎歲月，最終做 IVF！最令筆者印象深刻的是一位女病人，約 30 多歲，身體健康，無任何與不孕相關疾病的症狀或証據，她表示調理一段時間後會與丈夫接受人工助孕治療，原因是她經常要在臺灣工作，而丈夫則長期在紐約工作，近乎不可能在「絪縕之時」同房，故只好求助於科技！

9. 結論

在適當時間做適當事情，在適婚年齡要把握時機，結婚生子。若然錯過了時機，也不要灰心，把身體調好養好，嘗試自然懷孕，真是要做 IVF 時成績也會較好，流產機率也少些。若真命天子還未出現，而年齡也不年青，可考慮儲卵。平心而論，筆者不支持這種做法，但無奈這是目前保存孕育能力的最佳辦法。但即使是是儲卵，亦應先調好身體，以期在短時間內取得較多較佳的卵子。

參考文獻

ASRM-2012	AMERICAN SOCIETY FOR REPRODUCTIVE MEDICINE Age and Fertility, A Guide for Patients Revised 2012, PATIENT INFORMATION SERIES
Hilde-2017	Hilde de Kluiver, Jacobine E. Buizer　Voskamp, Conor V. Dolan, and Dorret I. Boomsma Paternal age and psychiatric disorders：A review Am J Med Genet B Neuropsychiatr Genet. 2017 Apr; 174（3）：202–213. Published online 2016 Oct 22. doi：10.1002/ajmg.b.32508
宋維炳 -1993	宋維炳，賈曉芳，金雅蘭，胡綏蘇，李柏，孫書臣，吳廣琴，關秀蘭 有關胎教的研究 中國優生與遺傳雜誌 1（3），30, 1993

不孕的主要原因現代觀

　　男方活動力強，形態良好精子能與女方的質素良好的卵子成功會合是自然懷孕的必需條件。一般而言，在女方，大部份不孕症均與內分泌，卵巢功能，排卵功能，及輸卵管有關。在男方則多與精子質素及性功能障礙有關。本文就各種常見導致不孕的原因，結合筆者臨床所見，及這些原因與IVF，中藥，針灸等關系作一簡介。

1. 排卵障礙

　　排卵是一個十分複雜的過程，需要卵巢與大腦的協調才能完成。除了生理病理原因外，女性排卵功能也易受外界因素影響，日常生活工作的改變、壓力增加、情緒波動等均可能導致排卵不正常或無法排出質素良好之卵子，因而導致不孕，月經異常甚至無月等。

　　臨床上最常見是多囊性卵巢症候群（PCOS），甲狀腺功能異常（亢進或低下）或高泌乳血症。外在因素則多因情緒，壓力，過勞，熬夜……等有關。

　　過瘦或過胖也可引起排卵障礙。以筆者所見，過胖的病人多有自知之明，明白減肥的重要性（雖然多不能做到），

倒是過瘦的很多都未必意識到需要增肥，即使知道，增肥原來與減肥一樣困難。另一個較少人留意的是過度運動，這個情形通常只見於運動員，一般女生甚少過度運動，較多見的倒是她們的丈夫可能因過度運動導致精子質素差。還有一種最吊詭的－未破裂卵泡黃素化綜合徵（LUFS）LUFS 是指卵泡成熟，但不破裂，卵細胞未排出但形成黃體並分泌孕激素，發生一系列類似排卵的改變。基礎體溫表現為雙相，用排卵試紙測試也表現為有排卵，但卵子其實並未排出！

中醫認為「腎－天癸－沖任－胞宮」生殖軸功能失調以及肝、腎、脾功能失常均可令到卵子難以發育成熟或排卵有所障礙，中藥針灸對此皆有一定療效。特別是針灸，對排卵障礙效果非常明顯。

2. 早發性卵巢衰竭（Premature Ovarian Failure；POF）

一般來說，正常女性的卵巢功能在 40-50 歲才開始衰退，在 50 歲左右會自然停經，是因為卵巢內卵泡耗盡，這是一種自然的老化現象。但卻有越來越多的婦女因各種原因而卵巢過早衰竭，導致分泌雌激素、黃體素的能力提早數年下降，月經不規則，甚至停經及出現各種更年期症狀。若 40 歲以前就發生這種狀況，便稱為「早發性卵巢衰竭」。

臨床上確診主要靠驗血中兩種激素——AMH 及 FSH。抗穆勒氏管激素（AMH），一般作為卵巢內卵子庫存量的指標，量度 AMH 的好處是這個指數不會隨著月經週期等因素而改變。指數會隨著卵巢功能衰退或年齡的增加而下降。

因為它的敏感性和穩定性都很好，而且波動性小，是現在評估卵子庫存量最重要的指標。要留意的是，AMH 只反映卵子的庫存量數目，不能反映質素。卵子質素主要是跟年紀有關係，AMH = Quantity 數量，Age = Quality 質素。臨床上 AMH 低但年青的病人，IVF 成積往往比 AMH 稍佳但年齡稍大的為好。

一般來說 AMH< =1ng/ml 提示了 POF。而 AMH< = 0.3 ng/ml 即代表非常低生育能力（Very low fertility）。過高的（>5.89 ng/ml（30-39 歲）；>8.1 ng/ml（20-29 歲））應考慮是否 PCOS [Yue-2018]。因 AMH 是隨年齡而有所改變，故應把指數及年齡一併考慮才有意義。跟其它化驗一樣，讀者亦要留意化驗單上的單位，一個是 ng/ml（即本文所用的單位），另一個是 pmol/L。前者約是後者的 7.14 倍！例如 0.3 ng/ml 約等如 2.14 pmol/L。

西醫目前仍認為 AMH 是不能改善的。即是說卵巢功能低下的只會變更差而不能變好，以往（約 10 年前）的西醫只是簡單地建議病人盡快做 IVF，但近年他們則處方各種補充劑給病人先服一段時間，一般 1-2 個月後才開始療程，說會有所幫助！似乎他們也修正以前的概念並認為卵巢功能是可以改善！

除了 AMH 指數，同時也會檢驗卵泡刺激激素（FSH），FSH 是由腦下垂體前葉分泌的荷爾蒙，可以促使濾泡發育長大成熟，通常需在經期來潮的 1 到 3 天檢驗；但要留意它的變動性較大。臨床上若病人年齡 < 40，FSH > 10，而雌激素偏低，即代表卵巢功能已經退化，應盡早求醫。卵巢功能

低下，單獨檢驗 FSH 不太準，因為有不少卵巢功能衰退的婦女的 FSH 指數仍在正常範圍！而且它的變動性大，所以要檢驗 2、3 個週期比較準確。若幾次檢驗結果不同，一般以最低者作參考。

POF 病因多與免疫、遺傳、代謝、卵巢破壞（例如放射治療和化療或卵巢手術）、感染等因素有關。筆者日常工作所見，除部份原因不明外，其餘的很多都是因巧克力囊腫手術傷及卵巢而成。病人很多都是手術後 1-2 年左右，發現月經週期異常，經量明顯變少，不孕等求醫方知已患上 POF。

卵巢早衰在中醫屬於「閉經」、「經水早斷」的範疇，中醫認為本病的原因在於「腎精虧虛」，因為腎主生殖，若腎氣充盛，精血俱足，月經便按時以下，故在滋腎填精用藥的基礎上，配合月經週期治療。現代研究補腎藥具有提高卵巢對促性腺激素的反應性和卵巢中性激素受體含量，促使卵泡、子宮發育，恢復受損的卵巢功能。很多時，對 POF 患者，不育科醫生會建議病人盡快做 IVF，但以筆者經驗，宜先以中藥針灸調治兩個月，方做 IVF 效果會較佳。

3. 輸卵管因素

輸卵管的作用是運送精子，撿拾卵巢每個月經週期所排出的卵子，讓精子與卵子相遇以便受精，之後把受精卵運送到子宮腔內以使著床。當輸卵管阻塞時，精子與卵子就無法相遇，因此精卵就無法完成受精，造成不孕。

另一個情形是當輸卵管的任何一個部位出現通而不暢或功能障礙時，體積較細的精子可以通過與卵子會合，但受精

後的就受精卵卻因體積較大故未能通過狹窄部位並在該處著床發育，形成輸卵管妊娠，亦即宮外孕。輸卵管阻塞或通而不暢多無症狀，故病人通常不會自行發現。一般檢查輸卵管是否通暢是採用子宮輸卵管造影（Hysterosalpingography，HSG），最新的研究對 HSG 有新的看法，舊說認為 HSG 後 3 個月內不宜懷孕，以免因 X 光及顯影劑對卵子有不利影響。但新看法是 HSG 後 3 個月內成孕機會較高（視乎顯影劑類型），因 HSG 把微細的粘連阻塞打通，故外國把這種 HSG 稱為 Tubal flushing（沖洗輸卵管）。但究竟情形如何，病人宜與醫生多溝通。對輸卵管不通的，西醫有通輸卵管的手術，但要留意，即使手術能把堵塞的輸卵管打通，也不代表輸卵管的檢拾及輸送卵子的功能正常，可能病人最終仍需做 IVF。

除了輸卵管不通 / 通而不暢外，還有一個情形 – 輸卵管水腫 / 積液。輸卵管水腫及積水的成因多是由於子宮內膜異位症（見下文）或盆腔炎症引致周邊纖維增生並造成輸卵管粘連阻塞，而輸卵管黏膜的分泌液積存於輸卵管內，做成輸卵管積液。也有因液體被身體吸收後剩下一個空殼，當做 HSG 時顯示出積水影像。因輸卵管的積液可能流入子宮腔，形成宮腔積液，積液含大量炎性細胞對胚胎產生危害，也會降低子宮內膜的容受性，妨礙胚胎植入子宮內膜，不利胚胎正常著床，對自然懷孕做成障礙，即使做 IVF，也會減低成功率，並會增加流產率。處理方法一般以手術為主。輸卵管切除術是最有效防止輸卵管積液流入子宮腔的方法，但此項手術有可能影響同側卵巢血液供應，最終影響同側卵巢功能。若卵

巢功能正常的通常都不會有問題，但若是卵巢功能不佳甚至是 POF，可能會把本來差的卵巢功能再減弱些少。除切除外，尚有輸卵管阻斷或積液抽吸等，對已有卵巢功能衰退的病人來說，應與醫生討論有關利弊以找出合適方法。

中醫對輸卵管病變，在辨証基礎上再加上「通補」為主－即「辛甘溫補，佐以疏通脈絡」，有積液者再加上清熱去濕，有一定效果，但病人若年齡稍大，應積極考慮配合 IVF，以免錯失時機。

4. 內分泌異常

正常情況下，人體內分泌系統分泌的激素是保持平衡的，才會維持穩定的代謝與生理功能，而懷孕整個過程也是由內分泌系統激素控制的，故內分泌異常可做成不孕。最常見與不孕有關的內分泌異常有黃體功能不全，甲狀腺疾病，高催乳血症，多囊卵巢綜合症（見上文「排卵障礙」）等。

其中又以黃體功能不全最為常見，故在此稍作討論。黃體功能不全是指卵巢排卵後沒有完全形成黃體，或形成的黃體內分泌功能不足，或黃體過早退化，導致孕激素分泌不足，影響子宮內膜生長，不利受精卵著床，可導致不孕或習慣性流產。

另一個情形就是，即使黃體功能是正常，但子宮內膜細胞受體功能異常，對黃體分泌的孕激素反應性較為低下，內膜發育也會出現不良，最終亦導致不孕或流產。這個「受體功能異常」，讀者可能有點難理解，打個比喻，家中電視訊號接收不佳，可能是電視台訊號不足（黃體內分泌功能不

足），也可能是家中電視天線功能差，導致接收不良（受體功能異常）。若是後者，訊號再強，電視畫面也不會好（若受體功能差，即使補充大量孕激素也起不了作用）。

本症的病人平時多沒有什麼不適的症狀，或只見月經週期縮短、月經頻發等，多因不孕或流產求醫時方知。黃體功能不足的最簡單診斷，是量度基礎體溫（Basal body temperature–BBT），排卵後後體溫上升緩慢（＞2天），上升幅度小於 0.3℃，高溫期持續時間 < 11 天（一般黃體功能不足患者高溫期僅 8 ～ 10 天）。上述三種情況都可以診斷為黃體功能不足。但 BBT 卻是易受外在因素（例如早醒，夜尿，睡眠不佳等）影響，不宜盡信。也可於排卵後約 7 天驗血中孕激素即可，但此法難在準確知道排卵日期，而且孕激素的分泌也是每個月不一樣。簡單而言，現時未有方法100% 確診本病！

黃體功能不全成因多為卵泡本身發育不良。對 IVF 病人來說，放雪胎是幾乎必定經歷過的環節，其中一個常用方案是採用人工週期，這個方案的其中一個要素是子宮內膜厚度足夠，IVF 醫生通常給病人處方雌激素和孕激素，刺激子宮內膜生長，但部份病人即使在用藥後子宮內膜厚度仍不達標，其中部份原因就是上文提到的受體，對雌 / 孕激素反應性較差，故即使用了足量激素也沒有反應，但補腎中藥對受體卻有增強的作用 [夏陽 -2005]。

說到這裏，原來現代醫學有「The Gut-Thyroid Connection（腸－甲狀腺軸）」，即腸會影響甲狀腺的功能，須知道甲狀腺是一個重要的的內分泌器官，可見腸道對內分

泌影響之大。而腸道本身原來是人體最大的內分泌器官，分泌著各種不同的荷爾蒙，包括廣為人知而影響廣泛的血清素（Serotonin）[PAUL-2016]。中醫針灸學裏有一個較新的針灸學說－腹針，就是以「腹部就是人體第二個大腦」為其中主要觀點。香港的女孩子都知道要懷孕，第一件事要做的是戒冷飲冷食，而腸胃是最受冷飲冷食影響的器官。可見腸胃與內分泌確大有關係。中醫重視脾胃（消化），只要脾胃平和，則」……周身四臟皆旺，十二神守職，皮毛固密，筋骨柔和，九竅通利，外邪不能侮也」。簡單一點，要身體健康無病（當然包括孕育），先從腸胃／飲食著手－戒絕一切生冷寒涼，及垃圾食物。

5. 盆腔因素

盆腔因素是指在盆腔內導致不孕的病變，主要有輸卵管異常；盆腔粘連，盆腔炎、子宮內膜異位症、結核性盆腔炎等。輸卵管因素上文已有討論，本章節主要討論慢性盆腔炎及子宮內膜異位症。

a. 慢性盆腔炎：

本文只討論慢性盆腔炎，因急性盆腔炎相對較少而且症狀較重，病人一般都馬上就醫。慢性盆腔炎是指女性內生殖器、子宮周圍結締組織及盆腔腹膜的慢性炎症。慢性盆腔炎症可能是急性期未完全治癒而來，或人工流產後過早進行性生活，或可能有症狀不明顯的感染。細菌逆行感染，通過子宮、輸卵管而到達盆腔。事實上雖然感染了細茵，但不是所

有的婦女都會患上盆腔炎，發病只是少數。這是因為女性生殖系統有自然的免疫功能，在正常情況下，能抵抗細菌的入侵，只有當機體的抵抗力下降，或由於其他原因使女性的自然防禦功能遭到破壞時，才會導致盆腔炎的發生。其主要臨床症狀為白帶增多、顏色偏黃、月經紊亂、腰腹疼痛及不孕等，甚至可觸及包塊。但有些患者的症狀很不明顯。

慢性盆腔炎一般不會導致嚴重後果，但有的患者可能併發慢性輸卵管炎和輸卵管積水（輸卵管積水上文已有討論）而導致不孕，這些患者可能要採用手術治療。

西藥方面，盆腔炎性疾病主要用抗生素藥物治療，必要時手術治療。一般來說，在急性期，盆腔炎治療使用西藥抗生素為多。而慢性盆腔炎由於長期炎症刺激，易造成器官周圍粘連，抗炎藥物難以進入，因此抗生素的療效反為不佳，中藥治療更為有效。

盆腔炎可導致不孕症，主要是由於輸卵管粘連、輸卵管積水等造成輸卵管不通，輸卵管內膜損傷、輸卵管扭曲變形、盆腔粘連等導致不孕。此外卵巢粘連影響了卵巢功能亦成為不孕的原因之一。多數患者最終須借助 IVF 方能成孕。但問題是盆腔炎本身對 IVF 成功率有很壞的影響——慢性盆腔炎可降低做 IVF 時卵巢的反應性及臨床妊娠率。研究顯示 [楊秀兒 -2007, Keay-1998]，盆腔炎愈重，IVF 的反應愈差－需用更大劑量的促性腺激素，但獲取卵子數目及優質胚胎數量卻較低。導致反應差的原因是盆腔炎引致盆腔粘連，盆腔血液供應及卵泡發育受阻 [Keay-1998]，另一方面，粘連的

卵巢，亦使外源性藥物能到達卵泡的濃度降低，此亦是導致低反應原因之一 [Nagata-1998]。筆者推想，此亦可能是一些指數（例如 AMH, FSH）只是稍差的病人，在注射針藥促排卵時，反應卻比預期更差的原因之一。

b. 子宮內膜異位症（Endometriosis, EMS）：

簡稱「內異」，是筆者日常工作中以不孕為主訴而有因可尋中占首位。「內異」是指有活性的內膜細胞生長在子宮內膜以外的位置上。現時醫學界還未充份知道子宮內膜組織，怎樣會去到其他地方生長，以一般推想，女性月經來的時候，含有子宮內膜組織的經血，通過輸卵管進入盆腔之內，就可能接觸到子宮外層，卵巢，膀胱表面，或其他腹腔部位，甚至直腸表面。並且生長蔓延，成為不正常的內膜組織。但這個說法也有問題，因子宮內膜組織到處蔓延的可能性本來就不低，因月經來時，子宮內膜呈脫落。但當身體免疫系統正常時，而內膜組織又不在正確的位置時，會被體內的免疫系統視為異物並將之吞噬、清除。故免疫系統紊亂也可能是原因之一。

常見症狀多為月經異常，痛經，性交疼痛，不孕等。若內膜組織長到直腸上，月經期間，可能出現腹瀉；若內膜組織長到膀胱上，月經期間，可能出現尿頻，排尿不順不適等症狀。平常聽到的巧克力囊腫（朱古力瘤）及子宮腺肌症均是內異引起。由於盆腔粘連、子宮卵巢蠕動及血液供應均受阻，輸卵管阻塞或蠕動減弱，盆腔炎症亦令自身免疫受到幹擾，致令病人不孕。內異是一種具有浸潤、轉移和復發等惡

性生物學特徵的良性病變，具有惡性腫瘤轉移的特性，在一般情形下，本病不會令病人死亡，故又被形容為「不會令病人死亡的癌症」！但亦可見本病超強的蔓延性及難治性。

卵巢子宮內膜異位囊腫，香港人稱「朱古力瘤」，是子宮內膜異位症的一種病變。子宮內膜組織種植在卵巢表面，會壓迫卵巢，令循環受阻，影響了卵巢及其排卵功能，損害生育能力。不孕症的患者中，有接近 20-30% 的人是巧克力囊腫患者，算是導致女性不孕的常見疾病之一。

異位的子宮內膜被巨噬細胞吞噬後，產生抗體，從而損害了子宮內膜的功能，影響子宮容受性，不利於胚胎著床。這也可能是近年熱點「免疫功能異常引致不孕」因素之一。有學者指出 [Sanchez-2017]，內異症病人在 IVF 療程中所獲得的卵子質素較差，成熟卵子數目也較少。

明白了上述，可見內異症可以造成卵巢功能障礙，盆腔炎性狀態，免疫異常，盆腔粘連，可見內異患者即使做 IVF，成功率也較低，故更應先調理，才做 IVF。內異症也可造成另一個麻煩的問題－輸卵管積水，上文已有討論。

由於子宮內膜組織隨著月經週期而生長，故西藥治療目標便是停止月經，來達到抑制內膜組織生長的目的。在藥物治療期間，通常是不會懷孕，也不適合懷孕。手術治療方面，要盡量清除異位的子宮內膜組織，可用切除或電燒的方式來處理。對於仍然要計畫懷孕的患者，則要盡量保留卵巢和輸卵管的功能，並可於手術時，檢查輸卵管功能是否通暢，並盡量減少術後粘連的發生。醫生雖然盡量小心，但筆者仍經常遇上病人做過巧克力囊腫切除手術後一段時間，卵巢功能

漸變低下，甚至體積變細。極可能是因手術導致卵巢受損所致。可見以藥物或手術來「治療」巧克力囊腫，對想懷孕的女性來說，均不是好方法。

由於本病表現似癌症，故病者日常應少吃發物（容易誘發或加重已有疾病的食物）及帶有熱毒，濕毒性的食物，例如燒鵝、或油炸燒烤等食物。因本病難治，故應針灸中藥同時用上，有生育要求者應積極考慮 IVF。

中醫把本病歸於痛經、不孕、癥瘕、月經不調等病症範疇，多以理氣活血化瘀法治療，適當配合清熱解毒，月經期間再針對患者主要的症狀表現以治其標，經痛為主者加行氣祛瘀止痛藥；經量多者加祛瘀止血藥；有寒症者加溫經藥。子宮內膜異位症在中藥篇中會再詳加討論。

6. 男性因素

男性因素是指因男方問題而引致女方不孕。男方問題可分為三類：

a. 先天問題：

例如陰莖、尿道異常，無法正常地完成性行為或射精，一般需手術處理。

b. 性功能異常：

如性交困難、陽萎等，可因心理問題，工作壓力等，進行心理輔助或治療，或向專業人士諮詢。亦有因內分泌失調，可使用中藥或針灸治療。事實上，中藥加針灸對陽萎效果不錯。值得一提的是勃起障礙（陽痿），其中很多都是與血管

相關病變有關，例如心臟病，或糖尿病等有關。不宜只歸咎於心理因素，要積極找出病因。有外國學者這樣說「penis is considered the window for what is ongoing within the cardiovascular system ……（陰莖被視為心血管的一扇窗）」[Ferrini-2017]。而這正是找中醫醫治陽萎比單依靠偉哥更有效更徹底的原因－治以補腎活血通絡非常有效。老化已被認為是陽痿最重要發病因素之一，中醫說的「腎氣」更是與老化關係密切，補腎氣可治理陽萎，更可延緩老化。

c. 精子問題：

弱精，少精，畸精，死精，無精等。

男性無精子症是指射精後精液內沒有精子。先天性輸精管缺損或不發育並不少見；而相關管道阻塞也是常見原因，可直接以外科手術矯正，但效果未必理想。故無論是先天還是後天性，醫生很多都建議病人直接從睾丸取微量精子，再做 IVF 反而較為簡易可行。值得注意的是，手術取精，為減少對睾丸的損傷，故只取微量精子，故男方更應於手術前多加中藥針灸調理。

弱精，少精，畸精，死精等原因複雜，例如隱睾症（雙側或單側），內分泌異常（性腺功能低下，泌乳激素過高），亦有年幼時患上腮腺炎併發炎睾丸炎，嚴重者更可能是基因問題。長時間下身處於高溫中，例如職業司機，均會對精子有壞影響。但日常最常見的是精索靜脈曲張。要留意的是即使做了手術也不一定改善精子質素。中藥加針灸，除了那些先天性原因或一些器質性問題如輸精管阻塞外，通常都可以

對精子質素有所改善。

　　最令筆者感觸的是，很多時女方大致上沒有什麼問題，年齡也不算大，只是男性因素，便做 IUI 或 IVF，全不考慮先試試治理男方的問題，其實是有點「濫」了，特別是因此而做 IVF。更令人費解的是，作這個決定（女方做 IVF，男方什麼也不做）很多時都是男方！

7. 不明原因不孕

　　相信為數不少的讀者都被她們的醫生診斷為「不明原因不孕」，即男女雙方經過各種檢查化驗，仍找不到不孕的原因。一般來說，西醫建議病人盡快做 IUI/IVF。以筆者經驗，此類病人宜盡快找中醫看看，畢竟中西醫建基於不同概念，西醫認為「原因不明」的在中醫可能是「原因清晰」，一個大家可能都遇過的情形，在夏天又熱又潮濕時，覺得頭重腳重，渾身不舒服，找西醫看看，答案幾乎肯定是「沒有問題（即是不明原因）」，但找中醫看看，服些中藥，便渾身舒服。

參考文獻

夏陽 -2005	夏陽，王矗，吳林玲，李洪義，李談，隨笑林，張吉金 補沖丸對腎陽虛型黃體功能不全患者子宮內膜雌孕激素受體影響。天津中醫藥，2005 年 12 月第 22 卷第 6 期
Ferrini-2017	Ferrini MG, Gonzalez-Cadavid NF, Rajfer J Aging related erectile dysfunction-potential mechanism to halt or delay its onset. Transl Androl Urol. 2017 Feb;6（1）：20-27. doi：10.21037/tau.2016.11.18.
PAUL-2016	PAUL RICHARDS Endocrinology of the gut, unravelling the complexities P 6-7 ENTEROENDOCRINE CELLS：SENSING WHAT YOU EAT, The Endocrinologist, ISSUE 119 SPRING 2016, ISSN 0965-1128（PRINT）, ISSN 2045-6808（ONLINE）
Sanchez-2017	Sanchez AM, Vanni VS, Bartiromo L, Papaleo E, Zilberberg E, Candiani M, Orvieto R, Viganò P. Is the oocyte quality affected by endometriosis? A review of the literature. J Ovarian Res. 2017 Jul 12;10（1）：43. doi：10.1186/s13048-017-0341-4.
楊秀兒 -2007	楊秀兒 張松英 盆腔炎性疾病對不孕患者體外受精 - 胚胎移植結局的影響 中華婦產科雜誌 , 2007,42（10）：666-669. DOI：10.3760/j.issn：0529-567x.2007.10.006
Keay-1998	Keay SD, Liversedge NH, Jenkins JM. Could ovarian infection impair ovarian response to gonadotrophin stimulation? Br J Obstet Gynaecol. 1998 Mar;105（3）：252-3.
Nagata-1998	Hum Reprod. 1998 Aug;13（8）：2072-6. Peri-ovarian adhesions interfere with the diffusion of gonadotrophin into the follicular fluid. Nagata Y, Honjou K, Sonoda M, Makino I, Tamura R, Kawarabayashi T.
Yue-2018	Yue C-Y, Lu L-k-y, Li M, Zhang Q-L, Ying C-M（2018） Threshold value of anti-Mullerian hormone for the diagnosis of polycystic ovary syndrome in Chinese women. PLoS ONE 13（8）：e0203129. https：//doi.org/10.1371/journal. pone.0203129

輔助生育科技篇

輔助生育科技（Assisted Reproduction Technology）簡稱 ART，泛指所有能促進懷孕的醫學技術。這樣説來有點抽象，我們看看香港瑪麗醫院的輔助生育中心的服務範圍，便可更具體地理解 ART 的意思[1]：

1. 以促性腺激素誘導排卵 / 刺激卵巢

2. 夫精宮內授精（AIH）

3. 體外受精及胚胎移植（IVF/ET）和細胞漿內單精子注射（ICSI）

4. 凍存胚胎解凍後移植（FET）

5. 種植前遺傳學診斷（PGD）

6. 種植前遺傳學篩查（PGS）

7. 冷凍儲存精液、卵子及胚胎

8. 配子和胚胎捐贈計劃

9. 生殖整形

10. 附睪精子抽取術和睪丸組織精子提取術（轉介予泌尿外科）

1：來源：http：//www.obsgyn.hku.hk/ivf/tc/subfertilitytreatment.html

本文主要討論上列的 1 至 6 項。第 7 至 10 項則非本書的範圍。本文只是簡單介紹常見的輔助生育科技，盡量少談技術細節，只是從病人角度出發，配合與本書有關的筆者所見所聞。

1. 以促性腺激素誘導排卵 / 刺激卵巢（自己行房）

「誘導排卵」，然後自己行房，可能是整個輔助生育科技的第一招。主要是以藥物刺激卵巢促使卵子成熟並排出。一般有三種做法：

- 口服藥物，這是最常見的做法
- 口服藥物＋藥物注射
- 或單用藥物注射

一般而言，配上藥物注射，效果較佳，卵子質素也較好。

使用口服刺激卵子生長藥物時，部份醫生只囑咐病人同房日期，期間不用覆診。但亦有醫生要求病人覆診，並在超聲檢測下，當卵子接近成熟時，即注射排卵針（HCG），以促使卵子最後成熟並排出，在醫生建議的日期夫婦同房，期望懷孕成功。

這個方法通常用於有排卵障礙的女性（例如多囊性卵巢綜合症（Polycystic ovary syndrome，簡稱 PCOS）），而卵巢功能尚未衰退，及男方精子正常。當然，大前提還要輸卵管正常，但以筆者所觀察，通常是試了幾個週期都不成功後，醫生才考慮輸卵管因素。「誘導排卵 - 自己行房」這個方法最大好處是入侵性最少，最便宜，故通常是處理不孕的

「第一招」。但要留意的是，部份口服的刺激卵子藥物，有抗雌激素作用，當連續使用多個週期，可使宮頸黏液減少、質變稠，妨礙精子通過宮頸，也可能導致子宮內膜變薄，不利胚胎著床。因此服用刺激卵子生長藥後排卵的機會較高，但是受孕機會並不如想像的高。但若配合針灸，則可能減輕這些副作用而同時改善子宮內膜形態，從而提升成功率 [虞莉青 -2018]。

2. 夫精宮內授精（AIH）

人工授精 IUI（Intrauterine insemination）可分為兩種：使用先生的精子者稱為 AIH（Artificial insemination by husband），使用捐贈者的精子稱為 AID（Artificial insemination by donor）。技術上兩者相同，只是精子來源不同。坊間裏，一般只叫 IUI，鮮有用 AIH 這個名稱。IUI 其實已有幾百年歷史，早于 1793 年英國倫敦的 John Hunter 已完成了有記載的第一例的 IUI，並成功令女方懷孕 [Zhu-2009]。事實上，坊間有不少夫婦也 DIY IUI（男方排精於注射針筒，自行以注射針筒注射於女方體內），基於衛生原因，筆者不鼓勵這種做法。

常規做法是，先以藥物誘導排卵（見上文），但多以注射針劑為主，因可獲得較佳質素的卵子，並在超聲檢測下，當卵子接近成熟時，即注射排卵針（HCG），以促使卵子最後成熟並排出，在醫生指定的日期夫婦回到 IVF 中心，男方以自慰形式排精，精液在 IVF 中心內的男科實驗室（Andrology Laboratory）處理（俗稱「洗精 sperm washing」），把精子洗滌分離後，去除雜質（部份雜質可引起子宮收縮）及死去的細胞及細菌，得到形態及活動能力均較佳的精子，以特定注射器直接打入女方的子宮腔內。再給予黃體素的補充，以利胚胎的著床。由於是藥物誘導排卵，故有可能刺激過多卵泡成熟，若出現此情況，為避免出現多胞胎，醫生可能會取消 IUI。

IUI 一般用於以下情況：

- 不明原因不孕經上文所說的誘導排卵無效者
- 排卵障礙經上文所說的誘導排卵治療後仍無法自然懷孕
- 男方輕至中度弱精
- 男方無法行正常夫妻性行為，若女方沒有其它問題，這類 IUI 成績最理想
- 子宮頸粘液有明顯阻礙精蟲活動力之抗精子抗體陽性者

很明顯，IUI 的大前題是輸卵管正常，但實際上，筆者觀察所見，醫生都是先做 IUI，失敗了幾次後，才考慮輸卵管是否正常。所以只要女方年齡不是很大，卵巢功能不是非常差，一般都會先「試試」IUI，失敗了幾次，便進入 IVF，乾脆不理輸卵管，在這些情況下，IUI 其實是 IVF 的熱身。

故無論如何，IUI 是處理男方問題為主，這裏有個很重要但又可能被忽略的概念，就是要在 IUI 交精前要禁慾多久。根據世衞 WHO 一個指引。做精液 / 精子檢查，禁慾時間不宜超過 8 天。原因儲存在體內的精子，儲存時間愈長，精子被氧化破壞的機會便愈高，精子的 DNA 斷裂率上升，導致

精子死亡或質素變差，這樣得出的檢測結果當然不可靠。筆者見過一些禁慾時間超過 8 天的驗精報告，通常都是極差，建議他們禁慾三天後再驗，結果大為好轉。同樣道理，做 IUI 或 IVF/ICSI（下文說到），禁慾時間宜 3-5 天。實際上，在精子質素與禁慾時間的關系上，「養精蓄銳」是不一定正確，在個人體能範圍下，可考慮「密有功，疏無益」可能更可取。這種做法也適用於想自然懷孕的夫婦。

IUI 基本上是處理男方問題，例如輕至中度弱精，或男方無法行正常夫妻性行為，例如性功能障礙，陽痿等。實際上這類問題中醫效果不錯。

例如針刺治療早洩 [Didem-2011]，針灸治療陽痿 [劉新娟 -2017]，中藥改善弱精 [李征 -2018]。若純因男方問題，則應先先治療男方，視乎改善情況而決定是否做 IUI。若只因男方問題便貿然做 IUI，有點本末倒置。

3. 體外受精及胚胎移植（IVF/ET）

IVF（In vitro fertilization 體外受精）就是我們一般所說的「試管嬰兒」。其實「試管嬰兒」已經歷了三代。第一代 IVF 就是本文所討論的，簡稱 IVF 或 IVF-ET（In vitro fertilization- Embryo Transfer 體外受精 - 胚胎移植），就是將經處理的精子和在女方卵巢抽到的卵子放在同一個培養液中，讓它們自然結合，即所謂的「常規受精」，在 1978 年世界上第一個「試管嬰兒」在英國出生，就是基於這個技術。第一代 IVF 最主要是解決女方問題，由於是採用自然受精，對中至重度的弱精所引起的不孕，解決不了。

　　一般做法是先以藥物注射以刺激卵巢，目的是多些卵子同時生長，跟著從女方以手術取出卵子，同時間男方以自慰形式射出精液，精液經處理後把精子和卵子放在一起培養，使卵子受精，卵子成功受精後成為受精卵，並開始分裂成為胚胎，一般在培養箱內培養 2-5 天，間亦有培養至 6 天，即一般說的 2 天胚胎，3 天胚胎，4 天胚胎或 5/6 天胚胎。胚胎會在取卵 2 至 5 日後移植回子宮內。全個過程就是「體外受精」及「胚胎移植」。英文是 IVF/ET（In-Vitro Fertilization/Embryo-Transfer），一般簡稱 IVF。相對 ICSI（見下文）來說，IVF 被稱為第一代的試管嬰兒技術。

　　上文已提過禁慾時不宜過長，故丈夫在取精前 3-5 天，宜先自行安排一次排精。

　　若情況許可，便把胚胎移植回子宮內，即所謂鮮胎移植（Fresh embryo transfer）；若情況不就，會將胚胎冷藏，留待稍後移植，即所謂凍胎移植（Frozen embryo transfer）。胚胎移植後，一般會施以藥物（通常為孕酮類藥物）以支持子宮內膜及促進著床。在香港，IVF 醫生一般只移植 1-2 個胚胎，極少移植 3 個胚胎，這是為了避免多胎妊娠。但在香港人熱衷做 IVF 某處地方，卻動輒移植 3 個或以上的胚胎，個中原因，後文有討論。如果移植後仍有優質的胚胎剩餘，會冷凍儲存。

　　說到這裡，相信不少讀者都聽過做 IVF 有不同的「方案」，通常可分為長方案（還有所謂超長方案），短方案，微調方案，自然週期取卵等。其中細節，已非本書範圍，值得一提是短方案 VS 長方案。

短方案 vs 長方案

一般來說，較年青，卵巢功能好的，用長方案；年齡較大，卵巢功能差的，用短方案。長方案要多些時間，但是效果較好，用藥比較易控制卵泡的生長，卵泡大細相對較平均，一般不會出現提前排卵的情況。

短方案顧名思義所需時間較短，一般只需約 10 多天便可完成促排卵及取卵整個過程。但是效果不穩定，有時候可能出現一個大卵泡，而其他較細小的卵泡則被抑制了生長，最終只長了少數甚至只得一個卵泡，變成促排卵失敗。有時還會出現提前排卵的問題。

所以，理論上長方案是促排卵的常規方案，短方案是考慮患者卵巢功能不好的情況下，擔心長方案壓抑（降調）後無法喚醒卵巢生產卵泡而做的次選方案（長方案通常前段先進行卵巢壓抑，後段才刺激／喚醒卵巢生產卵泡），但部份年齡稍大或卵巢功能欠佳的病人卵巢壓抑後，喚醒卵巢卻不太見效，導致抽出卵子數目極少。但以筆者所見來說，早年（約 10 年前）首選確是長方案，但近 5 年，除了政府醫院外，在私家 IVF 醫生做的，即使是相對年青的（低於 38 歲）及卵巢功能大致正常的，仍多是以短方案為多。除非是首次失敗了，醫生便會短變長，當然反之亦有。以筆者所見，年齡較大或卵巢功能欠佳，以中醫角度腎氣較差的病人，若因短方案失敗了而轉用長方案，效果可能會更差。要強調，這是筆者非常有限的觀察。

IVF 適用於：

- 輸卵管問題
- 子宮內膜異位症
- 男性因素不孕
- 免疫性不孕
- 原因不明的不孕症

IVF 最常見的併發症是「卵巢過度刺激症候群（OHSS Ovarian Hyperstimulation ）」。

卵巢過度刺激症候群是婦女進行輔助生育技術療程及其它不育療程時引起的併發症，但以筆者所觀察，出現這種併發症的風險不高，即有亦較輕微，記憶中，10 多年來只有 1-2 位病人因較嚴重的 OHSS 而需入院觀察。大部份都只需自行小心觀察即可（可能也與中藥針灸有關，因所觀察到都是筆者的病人！針灸篇對此有所討論）。

病人一般會於數日內病發，但亦有部份病人在放胎前後，甚至在証實懷孕後才發病。臨床症狀，由輕度只需自行留心觀察，至病情嚴重需留院作治療皆有。主要症狀包括尿量減少、腹脹、噁心、嘔吐、食慾不振、呼吸困難等。嚴重者當然要入院處理，輕者可透過飲食和改變生活模式來減輕症狀。

吸取優質蛋白質及補充足夠的電解質（例如飲用一些運動飲品），能有助減輕水腫現象。也可食香蕉（懷孕者不宜）、番茄等新鮮蔬菜和穀類等來補充礦物質。另一方面，要減少鈉鹽的吸取，有助減輕腹水。中醫方面一般以活血健

脾利水為主，再辨証論治加減。

IVF 的成功關鍵在於能取得優質卵子，從而培養出優質胚胎，加上良好（容受性）的子宮環境，為胚胎著床製造條件。中藥及針灸在這方面有理想效果，讀者宜細閱本書之中藥篇及針灸篇。

4. 細胞漿內單精子注射（ICSI）

ICSI，全名是「Intracytoplasmic Sperm Injection」，這是所謂第二代的試管嬰兒，在 1992 年發明。做法是在顯微鏡下將一條精子直接注射到卵子內，待其受精後培養成胚胎，再進行移植。ICSI 成功解決因精子質素太差，在體外培養期間，無法受精的問題。另外若需做 PGS/PGD（見本書有關章節），也是需要以 ICSI 受精。很明顯，不計要做 PGD/PGS，ICSI 是完全為嚴重弱精（包括男方自行排精或經手術取精）而設，這也是 ICSI「早期」的使用範圍，但現在則更廣泛用於其他情形，如解決卵子細胞老化或數量不足，以及卵子透明帶過厚以致於難以受孕的情形。特別是當女方的卵子數目較少或質素較差時，即使男方精子不是很差，為了「保証」受精率，IVF 中心很多時也會用 ICSI，而非傳統的 IVF 自然受精。可以說是「濫用」ICSI。有研究 [Boulet-2015] 顯示，美國 1996-2012 年間，因男方因素而使用 ICSI 的鮮胎移植，由 76.3% 大增至 93.3%；這個增幅可能反映了 ICSI 技術已趨普及；但令人感到不安的是，因非男方因素但仍使用 ICSI 的鮮胎移植，由 15.4% 大增至 66.9%！用 ICSI 對受精率當然大有幫助，但 ICSI 可不是免

費午餐，與同樣是非男方因素但用傳統 IVF 自然受精比較，ICSI 的著床率，嬰兒活產率均較稍低。

香港情況如何，根據香港人類生殖科技管理局 2016 年（表 7）數字，只算鮮胎移植：

生殖科技程式的種類	病人數目	治療週期數目
體外受精－胚胎移植（IVF 自然受精）	990	1128
體外受精 + 細胞漿內精子注入法（ICSI）	3393	4008
Total	4383	5136

以病人數目計，77.4%（3393/4383）做 ICSI，以治療週期計，78%（4008/5136）做 ICSI。筆者無法從香港人類生殖科技管理局的統計數字中計算出做鮮胎移植病人的不孕原因。但香港人類生殖科技管理局 2016 年（附圖，表 17）裏有統計接受生殖科技治療的人原因數字 ：

表 17

二〇一六年度按年齡組別及不育診斷統計接受生殖科技治療的人數（不包括他精人工授精及夫精人工授精）

（根據截至二〇一六年十二月三十一日由生殖科技中心呈交的資料和收集表格的資料）

不育診斷	年齡組別（病人數目）									總數
	18-20	21-25	26-30	31-35	36-40	41-45	46-50	51-55	56或以上	
男性問題	0	7	125	587	591	107	3	0	0	1420
輸卵管問題	0	3	39	131	132	41	6	1	0	353
子宮內膜異位	0	0	6	60	72	20	0	0	0	158
免疫問題	0	0	0	2	7	5	0	0	0	14
輸卵管－盆腔問題	0	0	19	66	92	12	0	0	0	189
排卵問題	0	2	19	60	73	15	2	0	0	171
原因不明	0	7	51	233	358	73	1	0	0	723
其他成因	0	9	32	110	200	249	31	1	0	632
多個成因－女性加男性問題	0	13	112	493	715	369	33	1	0	1736
多個成因－只有女性問題	0	3	31	156	234	118	12	1	1	555

註：

以上病人的年齡是以妻子的年齡計算。

（男性問題 + 女性加男性問題）/ 總數 = 3156/5951 = 53%！要留意不是所有男性問題都要用 ICSI，所以 53% 其實是高估了真正 ICSI 的需求！當然這個是總體統計數字，與上文只計鮮胎移植稍有不同，但仍可見使用（濫用？）程度之高！也可理解為很多都是卵巢反應欠佳，只好採用 ICSI 提高受精率！

ICSI 其中最令人質疑的是「如何揀選一條適合的精子」注射到卵子裏使其受精。不論是自然懷孕或傳統 IVF 自然受精，均是有大量活躍的精子包圍一粒卵子經自然汰弱留強後只有一條精子能進入卵子內使其受精。但在 ICSI 下沒有這個自然淘汰機制，而是以一些科學手段加上胚胎學家在顯微鏡下揀選了一條認為最好的注射入卵子內使其受精。換句話說，胚胎學家做了「上帝之手」！亦有學者 [Esteves-2018] 提出質疑關於 ICSI 對精子（抽吸精子）及卵子（把精子注射到卵子內部）的損傷，有可能導致染色體的損害，可能導致以 ICSI 出生的小孩比用傳統 IVF 出生的小孩，患有先天缺陷的有較高比例，基於各種不明朗因素，但又要高受精率，故亦有 IVF 中心對部份病人採用「Half-ICSI」，即一半卵子做傳統 IVF 自然受精，另一半做 ICSI。讀者可與 IVF 醫生討論此方案。最後，[Esteves-2018] 的作者更主張對有男方因素導致不孕者，應首先嘗試治理男方（…Treating the underlying male infertility factor before ICSI seems to be a promising way to improve ICSI outcomes…），最後才考慮 ICSI。筆者在上文討論 IUI 時，亦提出此觀點。上文也提到很多時做 ICSI 可能是因女方卵子質素差或數量少，同

樣道理，可以中藥針灸調治 2-3 個月才去抽卵，或可避免做 ICSI、或起碼只做 half-ICSI。

5. 凍存胚胎解凍後移植（Frozen - thawed embryo transfer, FET）

當胚胎培養完成後跟著在同一個週期內移植，就是上文 IVF-ET 提到的鮮胎移植。若有剩餘胚胎，或身體不宜（例如 因刺激過度患上 OHSS）。另外一個常見原因是「子宮內膜不同步 / 早熟」，主要是透過檢測血中「黃體素 progesterone」而定。而近年又多了一個放雪胎的原因 – PGS/PGD。關於 PGD/PGS，請參閱本書有關章節。

若有上述情形，那就把胚胎先行冷凍起來，適當時候解凍後再移植入病人子宮內，就是 「凍存胚胎解凍後移植（Frozen–thawed embryo transfer, FET ）」，也簡稱 「凍存胚胎移植 （Frozen embryo transfer, FET ）」，坊間一般叫 「放雪胎」。

影響 FET 成功率的關鍵因素包括胚胎的質素及子宮內膜的容受性。胚胎質素對 FET 來說已是一個不能改變的事實。若胚胎是種子的話，那麼子宮內膜就是這個種子發芽生長的泥土。而良好的泥土是種子能夠順利生長發芽的必須條件，所以內膜的準備尤為重要。目前常用的 FET 內膜準備方案有：自然週期、微刺激週期和人工週期三種。

自然週期與微刺激週期均是要求病人排卵，以使子宮內膜的發育與正在凍存 – 解凍的胚胎同步。而自然排卵後的黃體（Corpus luteum）亦會在胚胎著床後分泌黃體酮以支持

子宮內膜，對維持妊娠起著很重要作用。由於有醫生監控排卵，故跟著有一個問題——應否同房？對這個問題，IVF 醫生似乎不太主動去給病人意見，記憶中從未有病人表示過她的 IVF 醫生曾主動建議她們可以／不可以利用這個經嚴密監測的排卵機會跟丈夫同房。以筆者之愚見，除了一些特別原因例如一定要做 PGD/PGS 外，若只是放一個雪胎，可考慮跟丈夫同房以增加機會，雖然機會很低。事實上有一個有趣的研究 [Tremellen-2000]，發現在放雪胎期前後日子跟丈夫同房的懷孕率與這段期間禁慾組的相比沒有分別，但懷孕後 6-8 周仍存活的胚胎卻明顯比禁慾組高！推測可能是子宮接觸精液後，對胚胎成長或減低早期流產有幫助。若放兩個或以上雪胎，則不宜同房，以免增加多胞胎風險。若病人有疑問應與 IVF 醫生商討。

　　人工週期則純粹以藥物刺激子宮內膜生長，故適用於排卵不規則甚至不排卵的病人。上文關於與丈夫同房可能對胚胎成長或減低早期流產有幫助的討論也適用於人工週期放雪胎。

　　另外亦有因為人工週期較易控制胚胎移植日期，故病人若不是本地人，需從外地，甚至坐飛機過來，IVF 中心一般都是用人工週期，便能準確告訴病人什麼時間要安排假期，機票及住宿等。這些屬時間管理（Time management），與醫學因素無關。反過來說，若病人月經週期穩定及有排卵，時間較充裕，又相信自然週期放胎會較佳（因子宮容受性較好及自己身體能分泌黃體酮），應事先與她的海外 IVF 醫生溝通。

在這裏值得一提的是，究竟放雪胎是否比放鮮胎成功率高？其實在幾年前放雪胎是「次級」選擇，因為胚胎冷凍／解凍技術還未十分完善，故不時聽到病人哭訴「雪胎解凍後壞了，放不成了！」。但隨著技術改善，胚胎冷凍／解凍後存活率大增，「雪胎解凍後壞了，放不成了！」已極少聽到。亦因此，「Freeze all policy（冷凍全部胚胎）」大約由 2015 年開始，成為另類主流，有不少學者皆主張「Freeze all, 放雪胎」[Roque-2015]。據筆者所知，香港及台灣兩地皆有奉行「Freeze all」的 IVF 中心。放雪胎比放鮮胎成績好，原理不難明白，放鮮胎時因需要刺激卵泡，病人精神較緊張，身體又受大量荷爾蒙幹擾，對子宮環境可能造成壞影響（醫學上稱為「子宮容受性差」），不利胚胎著床。相反，放雪胎時病人精神相對放鬆，荷爾蒙幹擾相對少，故只要冷凍／解凍不影響胚胎健康，原則上放雪胎應較佳。但實際上很多時都仍是放鮮胎，其中原因除了「Freeze all」仍未為主流意見認可之外，還有費用，風險及時間的考慮。抽卵後培育成胚胎，不馬上放鮮胎而先冷藏，多了個冷藏費（香港有些 IVF 中心的冷藏費以 6 個月為起點，故不是一個小數目！），跟著放雪胎時要再見醫生，更可能再用藥，放胎時胚胎要解凍，也要費用，這些加起來，若胚胎質素只是一般，可能放鮮胎更化算。另外若能培育成功的胚胎只有 1 至 2 個，即使冷藏／解凍的風險很細，一般也不會冒險，而直接放鮮胎了事。不用多講，放雪胎比放鮮胎最少要多用一個月時間，對部份病人來說，也可能需要考慮。

中藥針灸在 FET 方面，因能改善子宮內膜血供及子宮

內膜的容受性，故不論是自然週期或人工週期，也有很好輔助作用 [楊媛 -2018, 王晨曄 -2018] 。

6. 種植前遺傳學診斷（PGD）種植前遺傳學篩查（PGS）

　　PGD 是用於驗測胚胎在移植前是否有特定遺傳病或染色體缺陷的診斷方法，這個方法讓人們有機會選擇及移植沒有 嚴重遺傳病的胚胎，避免了傳遞父母的遺傳性疾病到下一代。（Source：香港大學瑪麗醫院輔助生育中心網頁 http：//www.obsgyn.hku.hk/ivf/tc/pgd.html ）

　　PGS 是指在進行輔助生育治療時，在將胚胎移植入子宮前，用於檢測胚胎染色體數目的診斷方法。 這個方法可避免移植染色體數目不正常的胚胎。據醫學文獻記載，高齡產婦超過 70％ 的胚胎有不正常的染色體數目，這將導致著床失敗，慣性流產或反覆的異常妊娠（如唐氏綜合症）。（Source：香港大學瑪麗醫院輔助生育中心網頁 http：// www.obsgyn.hku.hk/ivf/tc/pgs.html ）

　　簡單來說 PGD 是針對某種特定遺傳病而造的檢測，有非常明確的醫學原因。

　　而 PGS 則是針對全部共 23 對染色體數量上或大片段上有沒有異常，例如唐氏綜合症是因為第 21 號染色體是 3 條而非 2 條，PGS 便可檢測出來。PGS 現已改名為 PGT-A, preimplantation genetic testing for aneuploidies 種植前遺傳學染色體數量異常測試，以使一般人更易理解其檢測範圍，但坊間仍依舊稱之為 PGS。

PGS 是針對高齡，經歷多次 IVF 失敗或多次自然流產。IVF 加上 PGD/PGS 一般稱之為「第三代試管嬰兒技術」。

PGD 或 PGS 基本上都需要把胚胎培養至 5 日的囊胚（Blastocyst），並抽取其中少量細胞作化驗，由於化驗需時，故不能放鮮胎，要先冷藏起來，留待下一週期放雪胎（FET）。基於技術原因，不能做傳統 IVF 自然受精，一定要做 ICSI。

從上文可見，PGD 是基於確切的醫學理由，故基本上沒有選擇餘地。但 PGS 是否真是需要做，現在仍爭論不休。本書另有專章討論。

由於 PGD/PGS 是需要培養至 5 日的囊胚，對很多病人，特別是高齡或卵巢功能差的，是一個大挑戰，更需中藥針灸輔助，以便生產較多較佳的卵子 。

筆者經常遇到病人表示，做 IVF 一定要做 PGS，因為醫生告訴她這是 IVF 第三代技術。正如第三代手機比第二代先進，第二代手機比第一代先進！但在 IVF 這個領域裏，第一、二、三代絕非代 表先進程度，只是代表不同適用範圍。

參考文獻

虞莉青 -2018	虞莉青，曹蓮瑛，謝菁，施茵 電針聯合克羅米芬幹預多囊卵巢綜合征促排卵助孕的療效研究 中國針灸 , 2018 年 03 期
Zhu-2009	Zhu, Tian, "Intrauterine Insemination". Embryo Project Encyclopedia （2009-07-22）. ISSN：1940-5030 http：// embryo.asu.edu/handle/10776/1992
Didem-2011	Didem Sunay , Melih Sunay , Yasin Aydoğmus, , Șahin Bağbancı , Hüseyin Arslan , Ayhan Karabulut , Levent Emir Acupuncture Versus Paroxetine for the Treatment of Premature Ejaculation：A Randomized, Placebo-Controlled Clinical Trial EUROPEAN UROLOGY 59 （2011）765 – 771
劉新娟 -2017	劉新娟 八髎穴溫針灸治療陽痿 31 例 光明中醫 2017 年 8 月第 32 卷第 15 期
李征 -2018	李征，曹志華，劉磊，等 · 加味五子衍宗湯對男性不育症患者精液品質和線粒體功能的影響 [J] · 中醫學報，2018，33（3）：463 – 467 ·
Esteves-2018	Esteves SC, Roque M, Bedoschi G, Haahr T, Humaidan P. Intracytoplasmic sperm injection for male infertility and consequences for offspring. Nat Rev Urol. 2018 Sep;15（9）：535-562. doi：10.1038/ s41585-018-0051-8.
Boulet-2015	Boulet SL, Mehta A, Kissin DM, Warner L, Kawwass JF, Jamieson DJ. Trends in use of and reproductive outcomes associated with intracytoplasmic sperm injection. JAMA. 2015 Jan 20;313（3）：255-63. doi：10.1001/ jama.2014.17985.

參考文獻

Roque-2015	Roque M, Valle M, Guimaraes F, Sampaio M, Geber S. Freeze-all policy：fresh vs. frozen-thawed embryo transfer. Fertil Steril. 2015 May;103（5）：1190-3. doi：10.1016/j.fertnstert.2015.01.045. Epub 2015 Mar 4.
楊媛 -2018	楊媛，李東，辛喜豔，駱斌 針藥聯合對反復種植失敗患者凍融胚胎移植結局及子宮內膜容受性的影響 北京中醫藥大學學報，第 41 卷第 6 期 2018 年 6 月
王晨曄 -2018	王晨曄，丁彩飛，張偉，鮑嚴鐘 中藥三步治療對反復移植失敗患者再次激素替代凍融胚胎移植妊娠率影響的臨床研究 中國性科學 2018 年 8 月第 27 卷第 8 期
Tremellen-2000	Tremellen KP, Valbuena D, Landeras J, Ballesteros A, Martinez J, Mendoza S, Norman RJ, Robertson SA, Simón C. The effect of intercourse on pregnancy rates during assisted human reproduction. Hum Reprod. 2000 Dec;15（12）：2653-8.

IVF 療程中可否服用中藥

其實這是一個普遍性的問題。小至傷風初起，大至末期肺癌，都有「可否中西藥同用」這個問題。我們先看看一般人不吃中藥的理由：

1. 污染，包括農藥及重金屬等

這可能是最常見的顧慮。我們每天從國內進口到香港的食物，特別是種植的如蔬菜水果 ，養殖如肉類魚類等，不時聽聞農藥及重金屬超標，自然亦聯想到中藥材亦有相同問題。以筆者記憶，曾經有出口到歐洲的中藥材因農藥重金屬超標而遭退回。但隨著法規的改進，及加強環保意識，國內GAP（Good Agricultural Practice）中藥種植基地，在農藥重金屬等有所規範，故消費者在購買中藥材時宜向有信譽商店購買。另一方面，實驗室裏驗出藥材重金屬超標多少倍，但把藥材以日常方法煎煮，重金屬含量卻不一定超標，有研究顯示以一般方法煎煮，重金屬的釋出率只是原藥材 0%（全不釋出）至 21%[羅豔 -2011]。可見重金屬元素不易隨著水溶液煎出，大部分隨著藥渣棄掉。此亦部份解釋了雖然長期服用中藥煎劑，卻絕少體內積存過量重金屬之報導。但

此研究也告訴我們一重要事實，把藥材打粉吞服，可能大大增加重金屬吸入量，做法不應鼓勵，除非肯定藥材來源。但無論如何，農藥及重金屬污染對中藥材來說，是一個極難解決的問題，特別是對一般消費者而言。故筆者主張除非有特別要求，對一般不育不孕患者，應服用政府認可藥廠生產的「濃縮中藥／提煉中藥／中藥顆粒」。因為這些藥廠都是有規模的 GMP 藥廠，擁有自家 GAP 種植基地種植常用中藥，在源頭上已把這個污染減至最少，他們也有設備把農藥及重金屬等淨化過濾出來，使製成品達至安全水平。製造過程也有各種品質監控程式。還有一點也相當重要，很多中藥需要對原藥材進行加工炮製，才可做到減毒增效的作用，這些工序在具規模的 GMP 藥廠裏做效果遠較小規模工場理想。故對有需要中長期服用中藥的病人來說，中藥顆粒是一個不錯的選擇。以農藥重金屬而言，這些大藥廠的藥粉比我們日常食的疏菜水果還安全，因疏菜水果的監管遠不及中藥。但筆者要再次強調，這些「濃縮中藥／提煉中藥／中藥顆粒」，絕不是單純把原藥材打粉。雖然在日常與病人的對話是把「濃縮中藥／提煉中藥／中藥顆粒」叫「藥粉」。說到這裏，請讀者不要誤會，以為筆者認為中藥煎劑不安全，絕非如此，以筆者所知，很多長期病患者需要長期吃中藥，很多也是煎劑。因為病情需要，他／她們也要定期檢查肝腎功能，都未見有任何壞影響。可見中藥煎劑也很安全。在實驗室裏把中藥打碎再放進特別溶劑裏化驗，與我們把中藥不經打碎直接放到水裏煎煮，結果大不相同！而日常吃的疏菜水果，基本上把可吃的都吃到肚裏去，故幾乎肯定日常生活裏吸收的農

藥重金屬遠比從中藥 裏吸收的為多。

2. 中藥含荷爾蒙

　　其中一個很大的理由是中藥含有荷爾蒙。說這些話的人極可能對中藥認識有限，甚至只在「道聽途說」水平。其實大部份中藥均是植物藥，植物藥當然不含動物荷爾蒙，但很多（例如當歸）都 含植物雌激素（Phytoestrogens），而植物雌激素的效能（Potency） 只是動物雌激素的 1/100 至 1/1000。而直至目前為止，仍未有確實証據証明植物雌激素對 IVF 病人或療程有不利幹擾。事實上，很多常用的植物性食物，例如大豆，紅薯等，都是含豐富的植物雌激素。再加上很多中藥本來就是食物，即所謂「藥食同源」，病人依從 IVF 醫生意見不吃中藥，卻自行淮山茨實紅棗煲雞湯，這個淮山茨實紅棗已是百份百中藥，淮山的植物雌激素含量也高，病人自行購買當作「煲湯料」 的份量也很可能比一般中醫師處方為大，這些有趣但不好笑的故事，筆者經常遇到。事實上病人吃了這個含有比平常中藥更高植物雌激素的湯也不見得對她們的 IVF 療程有什麼壞影響。還有我們日常吃的肉類，除了極少數（也甚昂貴） 是 100% 有機養飼，不含人工激素之外；其餘大部份都極可能含人工合成激素（效能是人體自身雌激素多倍，更比植物雌激素大百倍以上） 。在家煮食還可以選擇有機肉類，但「無飯家庭」（通常不在家煮食，依靠食店解決早午晚三餐） 又如何？做 IVF 的當然是女性，女性少不免要護膚化妝，「43 款 BB 霜樣本 11 款含類雌激素，其中 1 款每克的類雌激素含量接近 1 粒避孕

丸」（Source：香港經濟日報 2017 年 6 月 13 日引述一香港科技公司之研究報告）。連女性每月必用的衛生巾也含有類雌激素，長期使用或致月經紊亂，甚至不育（Source：香港東方日報 2018 年 12 月 19 日引述一香港科技公司之研究報告）。一個更是避無可避的因素－環境荷爾蒙。台灣成功大學的研究發現，小女生若經常飲用透明塑膠杯裝的冷飲冰品，發生性早熟的機會就會大大增加 [ChungYu-2013]。說了這麼多，就是要弄清楚女生們從不同途徑吸收了大量類雌激素或合成雌激素，很可能對她們的 IVF 療程造成影響。相反，中藥裏的植物雌激素，效能（Potency）只是這些類雌激素或合成雌激素的 1/1000，而且化學結構很不相同，而且國內很多以中藥輔治 IVF 的研究都是中西藥同用，亦未見有不良反應報告。

說到這裏，筆者想起了另一宗剛被平反的「冤案」，原來從 1968 年開始，很多專家教授學者，告戒我們吃蛋只能吃蛋白不能吃蛋黃，因為蛋黃含有大量膽固醇，吃了會令血中膽固醇升高從而升高了心臟病的風險。但最近這個看法已被推翻 [McNamara-2015]。事實上，各國的心臟協會，都不再視蛋黃為罪惡「The cholesterol in eggs has almost no effect on your blood cholesterol levels.（蛋裏的膽固醇對你血裏膽固醇含量幾乎全無影響」（Source：澳洲心臟協會 https：//www.heartfoundation.org.au/healthy-eating/food-and-nutrition/protein-foods/eggs）。整整 50 年，只是因為實驗室裏發現蛋黃有很高膽固醇便推論人吃了血中膽固醇便升高，卻漠視了一個更簡單的事實，非常大量的人近乎每天

吃全蛋，他們的心血管病發病率並沒有升高，事實上每天吃不多於一隻蛋能降低心臟血管病風險 [Qin-2018] ！可見實驗室裏發現蛋黃有很高膽固醇便推論人吃了血中膽固醇便升高是完全不對。更可況當歸含的是植物雌激素 / 植物激素，跟人類雌激素根本是不同的東西。

當 IVF 病人在服用或注射針藥時，效果不如預期，醫生不應只著眼於病人有否吃中藥，而應問她是用那隻牌子的 **BB cream** 或衛生巾 !!

3. 中西藥互沖

「互沖」是指藥物間的交互作用。原則上藥物互沖不限於中西藥同用，西藥與西藥，西藥與食物也可以互沖。只是西藥與中藥更難處理，因根本找不到明確証據証明有或沒有「互沖」。實際上，這個命題也太籠統，最起碼是「什麼西藥跟什麼中藥在什麼份量在什麼人身上有什麼互沖」。這亦解釋了為什麼「中西藥互沖」仍是未有完滿答案。以下討論，只適用於中藥在輔助生育過程中與西藥同用有沒有互沖這個問題。

但現在先行看看一個由中港英三地的專家（香港方面包括香港 IVF 病人熟悉的香港大學瑪麗醫院的教授）合作做的研究 [Huijuan-2013]，他們從國內外不同數據庫中找出了 300 多篇相研究論文，最後篩選出 20 篇涉及共 1721 個女性，全都是在 IVF 期間，均有同時用上中藥配合西藥，其中一項結論是 ：

「No trial followed up the patients beyond 10

gestational weeks, and the majority included trials terminated the follow up 2–5 weeks after IVF. Due to the short term follow up duration, no trial reported adverse events relevant to reproductive toxicity of CHM（Chinese herbal medicine）（所有試驗均只追蹤病人短於 10 周孕期，大部份均只追蹤至 IVF 後 2-5 周，由於追蹤時期短，故未有任何生殖醫學毒性報告）」。這段文字說明在 IVF 期間即使中西藥同用未見有任何「互沖」，至於要求長期追蹤以証實無生殖醫學毒性，筆者只能說現今通常用於 IVF 輔治的中藥如熟地或菟絲子等，均已使用數百年，未見任何問題。事實上在 IVF 期間用上的西藥 / 治療手段是否全都經過「長時期生殖醫學毒性追蹤」，讀者不妨問問自己的 IVF 醫生或 google 看看，例如，不妨問問做 PGS 時的活檢，是否已通過「長時期生殖醫學安全追蹤」。另外這個研究的結論對部份讀者可能有興趣：「This meta-analysis showed that combination of IVF and CHM（Chinese herbal medicine）used in the included trials improve IVF success, however due to the high risk of bias observed with the trials, the significant differences found with the meta-analysis are unlikely to be accurate.（這個統合分析顯示在 IVF 期間合併中藥可提高成功率，但因所有試驗均存在偏頗，故這些成績不一定正確）」論文中指的 bias（偏頗）大約是指那些試驗隨機性（Random）不夠，雙盲（Double blind）不足，加上每個試驗的樣本數太少（共 20 個試驗每個試驗約有 80 多人即中西藥同用組及單純西藥組各有 40 多人）。上述論

文於 2013 年刊出，故只包括 2013 年之前的資料，而上文的 20 個試驗均在國內。

幸好在 2015 年，終於有一篇論文 [Hullender-2015] 討論一個回顧分析，主要是回顧一個美國 IVF 中心內 2005-2010 年間進行的全數 1231（其中 162 個為捐卵週期）個鮮胎移植週期，並按當時病人選擇分成 3 組（針灸組，WS-TCM 組，單純西藥組），針灸組是在胚胎移植前後各接受針灸一次，加上常規西藥。WS-TCM 組「Whole system traditional Chinese medicine）是在 IVF 術前，中及後進行整體中醫藥治療，包括飲食調理，氣功，中藥煎劑，針灸（包括針灸組提及的胚胎移植前後各接受針灸一次）等視乎病人需要及意願，加上常規西藥，單純西藥組則是什麼也沒有，只靠常規西藥。選用 WS-TCM，針灸或什麼輔助治療也不做，均是病人自己選擇。結果發現以嬰兒活產率計，WS-TCM 組優於針灸組，針灸組優於單純西藥組。自然流產亦以 WS-TCM 組最低。論文更指出，WS-TCM 組患有卵巢衰退者較多，她們的卵子質素也會較低，故 WS-TCM 的力量其實已被低估（As more women in the WS-TCM group were diagnosed with diminished ovarian reserve, it is more likely that the WS-TCM group would have had lower quality embryos, which may mean the effect of WS-TCM is underestimated by our study）。這篇論文的影響性在於它以嬰兒活產率為最終結果，而非妊娠率，這在生殖醫學研究裏是較高的標準，數量夠多，1231 個週期，統計學上有足夠力量（Adequately powered study），更重要是這個研

究以至論文撰寫，都是在美國而非中國，作者／中醫師／病人均是西方人而非中國人，更具國際認可。美中不足這不是隨機雙盲（即病人編到那一組是電腦隨機分配，病人不知自己喝的是真有藥效的中藥還是安慰劑，做的針灸是真針灸還是假針灸），而是病人自行決定是西藥以外，再加配合 WS-TCM，針灸或什麼輔治也不做。這篇論文充份說明中藥在 IVF 療程中沒有與西藥相沖，只有互補，有益無害。

這篇論文作者在這個研究的基礎上再進行年齡分層分析，發覺 WS-TCM 對 38 歲或以上的女性效益最佳，論文亦於 2017 年刊出 [Hullender-2017]。這個發現也符合筆者一貫的觀察——年齡大的，（通常）卵巢功能差的，更應配合中藥。要留意，論文提到的臨界點 38 歲應靈活看待，若病人做第一次 IVF 時已反應差（找中醫作 IVF 輔治的，通常都不是第一次做 IVF），應即建議病人配合中藥。事實上除了 IVF 療程可配合中藥外，IUI 也可。以色列科技世界聞名，原來他們在中醫藥方面也很重視，有一個研究 [Sela-2011]，做 IUI 時加配中藥針灸與不用中藥針灸比較（二者均是病人自行選擇），結果是加配中藥針灸的妊娠率（IUI 後 14 天尿中 HCG 陽性）及嬰兒活產率均比不配中藥針灸的為高。與上文提到的研究差不多一樣，加配中藥針灸的平均年齡比不配中藥的大兩年！但仍可達致此成績，可証中藥針灸用處之大。而且整個療程並沒有任何問題發生（「There were no adverse effects associated with the use of acupuncture needles or herbal formulae in any of our patients」）。充份証明，中西合璧，只有好處，並無相沖。

讀者可能會問，若有 IVF 病人找人找筆者做針灸，但因她的 IVF 醫生不建議她吃中藥，筆者會怎樣做？筆者做法很簡單，若病人是第一次做，通常都不會刻意勸病人同時服中藥，看看抽卵／放胎反應如何，若反應良好，一般不再勸病人加服中藥。反之，若反應不佳，筆者定必作出加服中藥的勸告。

約 10 多年前有位約 30 多歲，未算高齡的病人於筆者診所表明只做針灸絕不服中藥，因她的 IVF 醫生極力反對，她做了約 5 次取卵，但均反應欠佳，做不成胚胎或只做到少量質素差的胚胎，全部均失敗收場，當然她亦不再在筆者診所出現。筆者至今仍耿耿於懷，覺得當時應大力勸她試試加服中藥，相信結局會不一樣。須知道以當年工資物價，在香港做 5 次 IVF，很可能已耗盡一個小家庭多年的積蓄。另一方面，IVF 醫生當面對這些 連續幾個週期都是 Poor responder（反應差的患者）時，是否只建議病人考慮找捐卵，何不建議病人先找中醫調理，然後才再戰江湖？自己處理不了，便應放手讓病人多個選擇！

4. 單純針灸已足夠，不必再服中藥

以筆者所觀察，在不服用中藥的人羣裏，上述所說的原因－污染，包括農藥及重金屬，含荷爾蒙，中西藥互沖 .. 西醫反對等佔 90%，餘下的 10%，她們認為針灸已足夠或可代替中藥，覺得不必再加中藥。其實她們不瞭解，針灸和中藥，都是中醫學的一部份，效用方面，二者既有小部份重疊，但仍有很大部份是不重疊 ，不能互相取代。

a. 針藥互補

針灸的作用，傳統說法是疏通經絡，用現代說法是調整和激發機體功能，但卻只是一種外在刺激，並沒有任何物質注入身體，雖然收效或許快速，但療效難以持久，無法保證療效的穩定性。對於這種情況，在以針灸治療為主的同時，再給予益腎填精之中藥，可助針灸療效的維持發揮。

b. 各自發揮長處

以筆者的個人體會，針灸對情緒神經及免疫問題效果明顯，相反對各類型虛損，中藥效果遠勝針灸。IVF 病人很多都是精神緊張，失眠多夢，又多有敏感問題（免疫紊亂），但又同時陰陽俱虛，肝脾腎皆損，這時針灸中藥同用，患者見效很快，針灸加上中藥，猶如 1+ 1= 3。筆者在 IVF 輔治配合針灸，穴位必用上關元、氣海、歸來、子宮等下腹部穴位，這些穴位均在子宮卵巢的解剖投影區上面，刺之對改善子宮卵巢血流，對刺激卵子生長或改善子宮內膜形態厚度很有幫助，但刺激之後，便需要藥物的扶持維持，沒有藥物的維持，效果持續不了，很快打回原形。臨床上很多病人的虛寒症狀很重，針灸後馬上覺得舒服，但若不服溫補腎陽的中藥，不多久便回復手腳冰冷，而且有不同強度溫補腎陽的中藥可供選擇，調控更得心應手。以筆者體會，卵巢功能早衰（POF）的患者，單純針灸與針灸加中藥，療效後者比前者大很多。

5. 中藥 / IVF / 子代的安全性

　　有人可能擔心在 IVF 療程期間服中藥會否對生出來的小孩子有影響。其實這個問題不太存在，因為其實輔治 IVF 的中藥，絕大部份都是補益肝腎的中藥，很多使用了數百年，故安全性甚高。即使如此，國內的《山東中醫藥大學》（一所在中醫藥輔治 IVF 方面的研究做得很深入的中醫藥大學）有一個回顧分析 [李靜越 -2014]，証實了以中藥輔治 IVF 的病人，嬰兒畸形率與自然妊娠相比，統計學上無分別。美中不足的是，他們應該拿做 IVF 但不用中藥輔治的病人比較。另外較多人有興趣的是用中藥安胎是否安全，筆者找到了兩個回顧分析 [陶利利 -2014, 田洪濤 -1993]，兩個都是以有先兆流產的病人進行中藥保胎安胎，她們生下的小兒設為再與未用中藥保胎 的兒童對比。 以體格生長指標（身長、體重、頭圍、胸圍）、畸形率、死亡率、早產率作 比較，中藥安胎組與對照組各項生長指標均無統計學上之差異。可証中藥之安全性。

參考文獻

羅艷 -2011	羅艷，黃文琦，蔣天成，鄧敏軍 中藥煎制前後重金屬含量測定及溶出特性研究 化學分析計量，2011 年，第 20 卷，第 4 期
Hullender 2015	Hullender Rubin LE, Opsahl MS, Wiemer KE, Mist SD, Caughey AB Impact of whole systems traditional Chinese medicine on in-vitro fertilization outcomes. Reprod Biomed Online. 2015 Jun;30（6）：602-12. doi：10.1016/j.rbmo.2015.02.005. Epub 2015 Feb 24.
Hullender 2017	L. Hullender Rubin, M.S. Opsahl, K.E. Wiemer and S. Mist Live births in women who integrate whole systems traditional Chinese medicine with IVF：does age matter Fertility and Sterility, 2017-09-01, Volume 108, Issue 3, Pages e352-e352, Copyright © 2017
Sela-2011	Sela, Keren; Lehavi, Ofer; Buchan, Amnon; Kedar-Shalem, Karin; Yavetz, Haim; Lev-ari, Shahar Acupuncture and Chinese herbal treatment for women undergoing intrauterine insemination European Journal of Integrative Medicine. Published June 1, 2011. Volume 3, Issue 2. Pages e77-e81. © 2011.
ChungYu 2013	Chung-Yu, Chen Yen-Yin, Chou Yu-Min, Wu Chan-Chau, Lin Shio-Jean, Lin Ching-Chang , Lee CC Phthalates may promote female puberty by increasing kisspeptin activity Human Reproduction, Volume 28, Issue 10, 1 October 2013, Pages 2765–2773, https：//doi.org/10.1093/humrep/det325
Huijuan 2013	Huijuan Cao, Mei Han, Ernest H. Y. Ng, Xiaoke Wu, Andrew Flower, George Lewith, and Jian-Ping Liu Can Chinese Herbal Medicine Improve Outcomes of In Vitro Fertilization? A Systematic Review and Meta-Analysis of Randomized Controlled Trials PLoS One. 2013; 8（12）：e81650. Published online 2013 Dec 10. doi：[10.1371/journal.pone.0081650] PMCID：PMC3858252, PMID：24339951

參考文獻

McNamara 2015	Donald J. McNamara The Fifty Year Rehabilitation of the Egg Nutrients. 2015 Oct; 7（10）：8716–8722. Published online 2015 Oct 21. doi：[10.3390/nu7105429]
Qin-2018	Qin C, Lv J, Guo Y, Bian Z, Si J, Yang L, Chen Y, Zhou Y, Zhang H, Liu J, Chen J, Chen Z, Yu C, Li L; China Kadoorie Biobank Collaborative Group. Associations of egg consumption with cardiovascular disease in a cohort study of 0.5 million Chinese adults. Heart. 2018 Nov;104（21）：1756-1763. doi：10.1136/heartjnl-2017-312651. Epub 2018 May 21.
李靜越 -2014	李靜越 中醫藥幹預 IVF-ET 子代健康情況分析 《山東中醫藥大學》 2014 年
陶利利 -2014	陶利利 褚氏安胎方對先兆流產患者子代出生時生長發育指標的影響 河南中醫藥大學 2014
田洪濤 -1993	田洪濤 中藥保胎對小兒智力體格發育的影響 新疆中醫藥 1993-08-29

中藥篇

自從 1978 年首例試管嬰兒誕生以來，體外受精—胚胎移植已成為治療女性不孕症的重要方法。而 IVF 至今已發展至第三代 — IVF — PGS。但有些基本問題，由第一代開始至今，仍未能有效解決，導致 IVF 的成功率仍處於低水平。其中難點包括：

- 卵巢早衰
- 子宮內膜異位
- 盆腔炎 / 輸卵管積水
- 黃體功能不足
- 子宮內膜薄

另一個常見於做 IVF 病人的是「血栓前狀態」，本文也有所討論。

1. 卵巢早衰

關於卵巢早衰的症狀及診斷方法等，讀者可參考「不孕的主要原因現代觀」。

卵巢早衰在中醫屬於「血枯」、「月事稀發」、「閉經」、

「月經後期」、「不孕」等範圍。認為本病的根本在於「天癸早枯」，腎中精氣虧虛為主。 中醫認為腎藏先天之精，主生殖，因此腎陰，腎陽，腎氣不足皆會影響女子的生育功能。卵細胞乃精血所化；腎精、腎氣是促使卵泡發育成熟的基礎，腎陽是卵泡排出的動力來源。卵泡亦賴肝血以濡養，故治療以補腎活血養血為主，按中醫辨証施治原則，再加配化濕去瘀清熱等中藥。研究 [歸綏琪 -1997] 表明，補腎填精中藥（研究採用熟附子、仙靈脾、菟絲子、黃精……等）不僅能恢復和改善下丘腦、垂體、腎上腺及生殖器官的異常形態和有關酶的活性，同時也伴隨性腺軸分泌與調節激素功能正常，從而改善生殖內分泌的激素環境，促進卵胞發育、成熟並排卵，可增加子宮與卵巢的重量。以筆者臨床所見，中藥方面確能提高 AMH 指數，改善卵巢功能。

一個以大鼠做的動物實驗 [姬霞 -2017] 顯示服用「補腎養血方」（內含淫羊藿，熟地黃，當歸，丹參，菟絲子……等），能提升卵巢早衰大鼠卵巢中 AMH 水平。而最重要的是（亦只有動物實驗才能証實），把大鼠解剖後檢查卵巢組織，發現未服中藥的大鼠的卵巢明顯出現卵巢早衰跡象（卵巢萎縮，卵泡和黃體數量少，閉鎖卵泡增多……），而服用補腎養血方後，卵巢組織接近正常，而且高劑量中藥組別的效果比低劑量組更佳。這個實驗提示了中藥改善 AMH 不是一時性，而是根本地改善卵巢，從而改善 AMH 指數。筆者日常工作中也經常遇上卵巢早衰的病人，她們很多都因做 IVF 反應太差，抽卵太少而來求醫，經過 2-3 個月治療調理後，AMH 都有明顯改善，再做 IVF 時抽卵數目明顯增加，

部份人更中途自然成孕，可見中醫藥不只在 AMH 數字上改善，更能實實在在地改善卵巢。

說完了動物實驗研究，再說一個以人為本的研究 [馬堃 -2018]，全都是卵巢功能低下的病人分成兩組，一組用中藥「補腎促卵方」（菟絲子，淫羊藿，仙茅，續斷，枸杞子，女貞子，澤蘭，生蒲黃，香附，穿山龍等），另一組用西藥補佳樂（雌激素）+ 克羅米芬（促排卵藥）+ 黃體酮（孕激素）比較，治療 3-6 個月經週期。發現補腎活血促卵方可以明顯改善各項激素（FSH, LH, E2, AMH）水平、增加竇狀卵泡（AFC Antral follicle Count）個數，效果比純西藥組佳。對想做或將做 IVF 的病人，AFC 的改善，尤其重要。因 AFC 代表了她那個月經週期所能抽到卵子的大約數目，比單純 AMH 數字上的增長更有實際意義。

筆者再多提一個研究，[欒素嫻 -2017] ，一批做 IVF 而又卵巢功能低下的病人，一組只用常規 IVF 西藥，另一組在用常規 IVF 西藥前一個月即服用中藥坤泰膠囊（熟地黃、黃連、白芍、黃芩、阿膠、茯苓等），直至取卵日。讀者要留意兩點，首先是用西藥（刺激卵泡生長）前一個月已要服中藥，其次是使用西藥（刺激卵泡生長）同時服用中藥。最後結果是加用中藥的病人單個成熟卵泡 E2（雌激素）水平較高（提示卵泡質素較佳），獲卵數以及可移植胚胎數均較純西藥組多。這個研究顯示了用中藥要早些用，筆者一般建議不少於 2 個月調理才進入 IVF 療程，原因可參考針灸篇。另一個就是中西藥合用，對很多做 IVF 的人來說，在進入 IVF 療程後，就不敢再用中藥 。以筆者所見，有病人在療程前

一個月或決定做 IVF 時即停止中藥，甚至有 IVF 醫生不單反對病人在做 IVF 期間服中藥，甚至反對患有弱精的病人丈夫服用強精的中藥。而上述這個研究，充份肯定了同時服用中藥不單不會「相沖」，相反，只會增加成功機會。反之，不服中藥或建議病人不服中藥，只會直接地削弱病人的成功機會。事實上，國內很多 IVF 方面中西藥同用的研究，有一般 IVF 病人，有患 PCOS 的，有高齡或卵巢早衰等不同組別，都顯示出中西藥同用的好處。當然，大前題是中醫師對 IVF 有一定認識。

2. 子宮內膜異位症

關於子宮內膜異位症的症狀及診斷方法等，讀者可參考「不孕的主要原因現代觀」。

中醫學並無子宮內膜異位症這一病名，內異症屬中醫學「癥瘕」「痛經」「瘤痕」等範疇，認為「瘀血阻滯」為本病發展的關鍵。明代的《景嶽全書・婦人規》有這樣形容「……瘀血留滯，惟婦人有之，……總由血動之時，餘血未淨，而一有所逆，則留滯日積，而漸以成癥矣。」似與現代內膜異位症其中一個理論「經血逆流種植」學說相似。中藥方面，有不同形式用藥，視乎病人體質及病理狀況，有一個用清熱化瘀的中藥（大血藤，蒲黃，延胡索，桃仁，牡丹皮，香附，牡蠣等）做的研究 [徐群群 -2018]，顯示中藥比西藥更能降低血中 CA-125 水平，而 CA-125 反映了內異症的活躍 / 嚴重程度。可見中藥在治療內異症上，猶勝西藥。內膜異位的組織受雌激素濃度影響，雌激素濃度愈高，內膜異位

的組織生長愈快。另一個以大鼠作為實驗對象的研究 [黃潔明 -2012]，發現中藥 組粘連程度最輕，囊腫最小。更重要是發現該中藥（羅氏內異方）在一定濃度範圍內使局部 雌激素含量下降，從而抑制異位內膜病灶的發展。效果比西藥對照組為佳。這個研究為中藥治療內異症提供了証據基礎。再多說一個研究，相信很多病人都知道，即使做了巧克力囊腫手術一段日子後，複發機會仍很高，這個研究正正是看看中藥在這方面能否起到作用 [羅納新 -2018]。方法是手術後再用藥（西藥 / 中西藥 / 單純中藥 ） 3 個月，停藥再等 6 個月，結果發現手術後西藥加上中藥組別的巧克力囊腫複發率最低 – 0% ！ CA125 即使在停藥後 6 個月仍較停藥前變化不大，中西藥同用組別仍然是最低，較只用西藥或只用中藥優勝。值得留意的是，這個研究提示了中西藥同用是安全有效。這個研究用的中藥基本方包括黃芪、血竭、黨參、白術、川楝子、延胡索、桔核、荔枝核、鬼箭羽、蒲黃炭、五靈脂、甘草等，再根據病人情況進行加減。

上述研究用到的中藥均有清熱祛痰，補氣升陽，固表益衛，活血化瘀、消腫散結止痛。用現代語言，這些藥有消炎止痛，降低 CA125 水平，調節血清 / 病灶局部激素指數，抗血小板凝結，降低血液粘稠度，改善微循環等。

3. 慢性盆腔炎

中醫認為盆腔炎成因是脾虛濕盛，濕熱內積，遷延不愈引致機體氣血運行不暢，瘀阻而形成腫塊，故治法當以有清熱除濕解毒、行氣活血化瘀為主。有研究以紅藤湯（紅藤，

黃芪、蛇舌草、浙貝母，虎杖、制大黃、三棱、莪術、丹參
等再按病人情況加減）配合常規西藥（又是中西藥同用），
治療效果，遠勝單純用西藥，值得一提是，加用中藥的病人
血漿黏度降低更優於單用西藥，即病人凝血改善（提示血液
循環更佳，卵巢功能應有所改善）。更重要的是，治療後隨
訪 6 個月內復發情況，中西藥同用的遠低於單純西藥組 [張
燕萍 -2019]。

4. 輸卵管水腫 / 積水

輸卵管積水相當於中醫學的「癥瘕」，「腸覃」、「胞
脈閉阻」。其病機是瘀水互結，阻塞胞脈。國內一個研究 [孫
定乾 -2016] 以清熱解毒燥濕、活血化瘀的中藥（土茯苓，澤
瀉，蛇舌草，魚腥草 15g，丹參，王不留行，薏苡仁各 15g
加上臍藥灸（以溫經通絡的中藥粉敷於臍上，再以理療燈灸
烤）2 個月，對比做手術（輸卵管切除或阻斷，或積水抽吸）
及不作任何處理，發現中藥組輸卵管積水治療後較治療前積
水程度明顯減輕，子宮內膜厚度、RI、PI 值（顯示子宮血流）
及嬰兒活產率均比手術組及不處理組為佳。這裡值得注意的
是，中藥組除了減輕積水外，還可改善子宮血流，對提高成
功率大有幫助。以筆者經驗，還可改善卵巢功能。

5. 黃體功能不足

臨床上，黃體功能不全患者主要的症狀有以下：會出
現月經週期的縮短（小於 28 天）、月經次數增多和經前出
血；不孕：在生育期的女性會比較難受孕，或者懷孕了卻容

易流產。現今西醫一般補充孕激素。對嘗試自然懷孕但黃體功能不足的女性來說，是否有幫助，卻存在爭議。美國生殖醫學協會（American Society for Reproductive Medicine）出了一個「專家意見」（Committee opinion）這樣說「No treatment for luteal phase insufficiency has been shown to improve pregnancy outcomes in natural, unstimulated cycles.（關於黃體功能不足的治療對自然懷孕的成功率未見有任何幫助）」[ASRM-2015]。讀者中可能有曾在香港一些公家醫院以自然週期（即上面的 Natural, unstimulated cycles）放雪胎，公家醫生不會處方任何孕激素補充劑，不知是否同一道理。

筆者認為卵巢，卵子，黃體三位一體，不能獨立看待－卵巢功能好，可養出良好的卵子，排卵後，便有良好的黃體。反之，卵巢功能差，養出的卵子質素差，排卵後，便有可能黃體功能不全。國內研究發現 ，黃體功能不全的病人服用補腎陰腎陽中藥（女貞子， 墨旱蓮，枸杞子，菟絲子，當歸，白芍等）3 個月 [連方 -2009]，黃體中期血中孕激素明顯增加，並對黃體期子宮內膜白血病抑制因子（LIF）表達的影響進行觀察，發現服用補腎陰腎陽中藥的病人的 LIF 的表達較高，提示其子宮內膜容受性也提高。心水清的讀者可能會問，若以人工週期（激素替代週期法）移植凍溶胎時，因卵巢受到抑制，一般不會排卵，故亦沒有黃體。醫生都會處方荷爾蒙藥物替代黃體產生的孕激素以增厚內膜，因沒有黃體，那麼「中藥改善黃體功能」就變得沒有意義！其實中藥在人工週期凍溶胎移植週期，還能改善子宮內膜血流，增加

內膜厚度（這是一個很重要的指標，相信每一個做過凍溶胎移植的病人都知道）[嚴驊 -2017] 及內膜容受性。值得留意的是，在上文提過的研究 [嚴驊 -2017] 中，病人在用過中藥後，負面情緒均有所減輕，這個雖然很難具體說明有多重要，但卻是一個不容忽視的因素；而且也是中西藥同用，未見任何「相沖」。還有一點，補腎中藥對孕激素受體有增強作用（詳情可見「不孕的主要原因現代觀」），故即使是人工周期放雪胎，中藥仍可幫忙。

6. 子宮內膜薄

間中便遇上這個問題，特別是放雪胎的時侯。因內膜厚薄，與子宮容受性有關，太薄，即子宮容受性低，子宮未Ready（準備）去接受胚胎。

子宮內膜容受性是指在排卵後 7-10 天，子宮內膜在這個「視窗期」發生一系列與胚胎發育同步的、有利於胚胎著床的變化，從而能夠促使囊胚黏附、穿透並植入子宮內膜（著床）的能力。若子宮內膜容受性低，除了影響受孕外，即使著床成孕，也易流產。

How thin is thin（多少才算薄）？原來對此問題未有定論！簡單而言，由低於 6mm 至低於 8mm 皆可說是「子宮內膜過薄」。但反過來說，並沒有子宮內膜薄過某個數字，便一定不孕。事實上即使內膜薄至 4mm，仍可懷孕活產 [Check-2003]。可見世事無絕對。但依筆者所見，中港臺三地的 IVF 醫生多以 7mm-8mm 為界，而絕大部份醫生均要求不少於 8mm 才放胎。

子宮內膜薄的原因一般是：生殖器官炎症導致子宮內膜基層受損；某些宮腔手術例如刮宮，或過長時間使用某些藥物例如 Clomiphene（口服排卵藥）均可導致子宮內膜薄。現時的共識是內膜厚薄，與子宮血流供應有密切關係。一個以 623 個做 IVF-ET 女性為對象的研究，發現子宮血流差的，多是年齡較大，成孕率較差，內膜較薄 [Chien-2002]。跟這個結論相輔相成的另一個研究－發現了不單年齡與內膜厚度成反比這個現象，更發現了內膜厚度較厚比較薄者懷孕率較高，這個現象只見於年齡較大（> 35 歲）的病人 [Wiser-2007]，論文作者推想，這是由於子宮內膜「老化」所致，若如是，則單純使用激素以增厚子宮內膜的效用當然不足夠，反之中藥之補腎活血更見全面徹底。

西醫應對之法，以筆者所見，多是以補充雌激素，以刺激內膜生長。另一個常用方法是使用 Sildenafil（偉哥），因能擴張血管，改善子宮血流。服用 Aspirin（阿司匹林）也是常見做法，Aspirin 能制止血小板凝聚，故能改善子宮血流。對一些較難處理的子宮內膜薄的病人，較新的方法是 ERA（Endometrial receptivity array）——透過檢測一些內膜組織以決定最佳移植時間。ERA 基本上不是只為內膜薄的病人，但內膜薄不能解決但又很想移植，ERA 不失為一個沒辦法中的辦法、但要注意 ERA 直至這一刻為止仍未被廣泛認可。

傳統中醫學並無「子宮內膜薄」這個概念，但根據此症的特點，可歸屬於「月經過少」、「閉經」、「不孕」等範疇。國內在這方面使用中藥有很多研究，其中一個是用了

一個頗有名的中成藥「滋腎育胎丸」（黨參、續斷、白術、巴戟天、何首烏、杜仲、菟絲子、熟地黃等）做的研究 [餘曉芬 -2017] 顯示滋腎育胎丸聯合雌激素（筆者按，又是中西藥同用）能有效改善腎虛－薄型子宮不孕患者的子宮內膜厚度、月經量、中醫臨床症狀等，其效果優於單純使用 雌激素治療 。同一個研究的動物實驗証實，滋腎育胎丸能透過對子宮內膜某些分子及基因調控，從而改善內膜厚度。說到內膜厚度，不能不談子宮血流。國內一個研究 [林蓉 -2017] 以移植凍溶胎病人的子宮內膜厚度及血流情況為目標，比較單純西藥組（雌激素加阿司匹林）與西藥加中藥組（雌激素加阿司匹林加補腎活血中藥），發現兩組皆可改善內膜厚度，但西藥加中藥組比單純西藥組效果好；但最重要的是西藥組（雌激素加阿司匹林），雖能改善內膜厚度，但血流阻力指數（RI Resistance Index）及 D 二聚體（D-Dimmer）無甚變化；相反，西藥加中藥組病人的血流阻力指數及 D 二聚體皆明顯減少，最終成孕率也更高。可見加上中藥後，治療效果更全面。

最後筆者要強調，上文很多研究都是中西藥同用，不單未見「相沖」，效果更見理想，但這並不是說單用中藥不夠好，只是做 IVF 幾乎必定有西藥，故採用了中西藥同用的研究而放棄了單用中藥的研究。

7. 血栓前狀態

最近幾年，多了 IVF 醫生要求病人檢驗一些與凝血有關的指數，例如 D-dimmer, Protein-C, Protein-S, APTT……

等。指數過高（低）的都被視為「容易產生血栓的狀態 Hypercoagulable states」，需要使用薄血藥或抗凝藥。這種情況，又稱血栓前狀態，或血液高凝狀態，是多種因素引起的止血、凝血和抗凝系統失調的一種病理狀態，具有易導致血栓形成。事實上，IVF 療程本身便有可能使病人出現 Prothrombotic（較易產生血栓）的狀態 [Brummel-2009]。「容易產生血栓的狀態」對 IVF 病人來說，最重要的意義是血液在相對高凝狀態下，有可能影響子宮卵巢的血循環，導致著床失敗，即使著床成功，也可能以小產收場。目前，本症與 IVF 有直接關係中藥方面的研究不多，反而妊娠期血栓前狀態與復發性流產關系的研究相對較多。其中機理推想可能是血液高凝狀態改變子宮胎盤部位的血流狀況，使局部形成微血栓，引起胚胎缺氧缺血，最終胚胎發育不良或流產。西醫對這種情形多處方阿司匹林或 / 聯合低分子肝素（Low molecular weight heparin, LMWH）作抗凝治療。

有研究便是在這個西藥基礎上，加上補腎活血安胎中藥（菟絲子，川斷，桑寄生，當歸，白芍，雲苓，炒白術，川芎，山藥，山萸肉，黃芪，黨參；隨症加減：血瘀重者加丹參，血熱者加生地黃）。研究對像是有血栓前狀態及復發性流產病史的孕婦，停經後 B 超提示宮內妊娠至妊娠 12 周用藥（中西藥或單純西藥），結果在凝血指數的改善，中西藥同用組（25 例）比單純西藥組（25 例）有更好的改善。保胎成功率（妊娠超過既往流產月份）也是中西藥同用組比單純西藥組有更好成績 [馬旭 -2016]。

另一個類似的研究 [李亞 -2015]，對象也是血栓前狀態

所致復發性流產的孕婦，採用補腎活血安胎或清熱活血安胎中藥（當歸、丹參、川芎、三七粉、川斷、桑寄生、菟絲子、桑葚子、黃芩，白術……等）。用藥 1-2 個月，再驗各項凝血指數，中西藥同用組（68 例）比單純西藥組（52 例）有更好的改善。妊娠結局方面，在治療期間，2 組患者均無藥物性不良反應發生。研究對象保胎成功者共 97 例，其中已足月分娩 45 例（治療組 29 例、對照組 16 例），未發現新生兒畸形及發育不良，另外 52 例已處於妊娠中、晚期，經定期產前檢查未見異常情況。這個研究顯示了中西藥同用的安全性。

很明顯，中藥能改善病人的血液高凝狀態；推想從而改變子宮胎盤部位的血流狀況，避免局部形成微血栓所引起胚胎缺氧缺血，最終使胚胎順利發育避免流產。同樣機理，可應用於做 IVF 又同時是容易產生血栓狀態的病人身上，她們的子宮卵巢血凝改善，對卵子質素、胚胎著床，胚胎發育均大有幫助。

參考文獻

姬霞 2017	姬霞，傅金英，王冰玉，胡俊攀 補腎養血方對卵巢早衰大鼠中抗苗勒氏管激素的影響 中國比較醫學雜誌，2017 年 1 月第 27 卷第 1 期
馬堃 -2018	馬堃，袁苑，張會仙 補腎促卵方治療早發性卵巢功能低下導致不孕症的臨床研究 中國中藥雜誌 2018-12-27
欒素嫻 -2017	欒素嫻，孫平平，張玉花，趙文傑，馬華剛 坤泰膠囊對在體外受精－胚胎移植中卵巢低反應患者的影響 中國中西醫結合雜誌 2017 年 12 月第 37 卷第 12 期

參考文獻

歸綏琪 -1997	歸綏琪，余瑾，魏美娟等 補腎中藥對雄激素致不孕大鼠垂體、卵巢及腎上腺作用的實驗研究 [J] 中國中西醫結合雜誌，1997，17（12）：735-738
徐群群 -2018	徐群群，盧敏，曹陽，張婷婷，譚蕾，戴德英 清熱化瘀中藥方治療子宮內膜異位症臨床研究 河北中醫 2018 年 10 月第 40 卷第 10 期
黃潔明 -2012	黃潔明，羅頌平 羅氏內異方對子宮內膜異位元元症局部雌激素合成影響的實驗研究 新中醫 2012 年 2 月 第 44 卷第 2 期
羅納新 -2018	羅納新，秦琴琴，龔文姣，李海 補氣活血法幹預卵巢巧克力囊腫術後復發的臨床療效 大眾科技，總第 20 卷 230 期，2018 年 10 月
張燕萍 -2019	張燕萍 紅藤湯聯合婦炎消膠囊治療慢性盆腔炎臨床研究 新中醫 2019 年 4 月第 51 卷第 4 期
孫定乾 -2016	中藥加灸療對輸卵管積水患者體外受精－胚胎移植結局的影響 河北中醫藥學報 2016 年第 31 卷第 2 期 孫定乾，陳愛蘭，伍海鷹
ASRM-2015	Practice Committee of the American Society for Reproductive Medicine Current clinical irrelevance of luteal phase deficiency：a committee opinion Fertil Steril. 2015 Apr;103（4）：e27-32. doi：10.1016/j.fertnstert.2014.12.128. Epub 2015 Feb 11.
連方 -2009	連方，賀瑞燕，李婷婷 二至天癸顆粒對黃體功能不健性不孕症患者子宮內膜容受性的影響 中醫雜誌 2009 年 11 月第 50 卷第 11 期

中藥・針灸與試管嬰兒（ＩＶＦ）

參考文獻

嚴驊 -2017	嚴驊，張勤華，翁曉晨，董光蘋，王晶 疏肝滋腎方對凍融胚胎移植週期臨床結局影響 遼寧中醫藥大學學報，2017 年 10 月，第 19 卷第 10 期
Check-2003	Check JH, Dietterich C, Check ML, Katz Y. Successful delivery despite conception with a maximal endometrial thickness of 4 mm. Clin Exp Obstet Gynecol 2003;30：93-4.
Chien-2002	L.W. Chien, H.K. Au, P.L. Chen, J. Xiao, C.R. Tzeng, Assessment of uterine receptivity by the endometrial-subendometrial blood flow distribution pattern in women undergoing in vitro fertilization-embryo transfer, Fertil. Steril. 78（2）（2002）245–251
餘曉芬 -2017	餘曉芬 滋腎育胎丸對腎虛－薄型子宮內膜機制的研究 廣州中醫藥大學，2017-05-01
Wiser-2007	Wiser Amir, M.D., Baum Micha, M.D., Hourwitz Ariel, M.D., Lerner-Geva Liat, M.D., Ph.D., Predicting factors for endometrial thickness during treatment with assisted reproductive technology Fertility and Sterility, April 2007, Volume 87, Issue 4, Pages 799–804 Dor Jehoshua, M.D., and Shulman Adrian, M.D.
林蓉 -2017	林蓉 補腎活血週期療法輔治薄型子宮內膜患者的冷凍胚胎移植的臨床研究 《廣州中醫藥大學》 2017 年
Brummel-2009	Brummel-Ziedins KE, Gissel M, Francis C, et al. The effect of high circulating estradiol levels on thrombin generation during in vitro fertilization. Thromb Res. 2009;124：505–7.

參考文獻

馬旭 -2016	馬旭倬 壽胎丸合當歸巧藥散加減治療早期復發性流產血栓前狀態的臨床研究�'馬旭倬 南京中醫藥大學 2016 年 6 月
李亞 -2015	李亞，王俊玲，劉昱磊，劉新玉，滕輝 活血化瘀法治療血栓前狀態所致復發性流產的臨床觀察 廣州中醫藥大學學報，2015 年 11 月第 32 卷第 6 期

針灸篇

1. 針灸治病的機理

針灸治病的機理非常複雜，但本書並非主力討論針灸治病一般機理，故只就與 IVF 有關的作簡單介紹：

a. 針刺改善子宮血流

在 1996 年 Stener 在瑞典做了一個研究 [Stener-1996]，用電針 8 次－連續 4 星期，每星期 2 次，發現可明顯降低不孕婦女的子宮動脈的「脈動系數（Pulsatility Index–PI）」，由 3.34 降至 2.68– 即是說，針刺可降低子宮動脈阻力，從而改善子宮血流狀況，更發現這個改善子宮血流的效果，於停止針刺後 10-14 天仍維持。Stener 估計與調控交感神經有關。他們更發現一個有趣的現象，針刺後皮膚表面（前額皮膚）溫度升高，須知道他們是單純電針刺，沒有艾灸，也沒有照神燈（熱燈，香港及國內做針灸時多配合使用）。故皮膚溫度升高，純是針刺作用。這可以解釋了一些病人訴說針灸後手腳變暖。聰明的讀者可能馬上追問，針刺能改善子宮血流狀況，但卵巢又如何？一如所料，針刺是

可以改善卵巢血流 [盧金榮 -2017]。事實上子宮血流與著床成孕之關系早於 1995 年已被發現 [Steer-1995]- 胚胎移植當日子宮 PI 高過 2.99 不利著床。上文提到針刺後 PI 由 3.34 降至 2.68，即由不利著床改善到適宜著床！不少 IVF 病人于第一次胚胎移植失敗後，IVF 醫生都給予阿司匹林。（Asparin），作用是使血液稀薄些少，容易些進入子宮卵巢，降低 PI。這些針灸全可做到，針灸還有其它好處（詳見下文），但卻不會引起血液的改變及其附送的副作用，例如腸胃出血。實際上，子宮血流除了與生育有關外，也與「保青春」有關，有研究顯示，生育年齡女性的 PI 比絕經期女性低，而絕經時間越長，PI 越高 [Fernando-1995]，可見子宮血流在女性青春之重要。筆者常跟病人說，中藥及針灸除可增加自然受孕或 IVF 成功率外，更重要的是即使不成功，也有保養身體保青春之效，讀者再細閱下文，更証此言非虛。

b. 針刺調節下丘腦、垂體、卵巢軸

下丘腦、垂體、卵巢各自分泌的激素在功能形成一緊密自我調節系統稱為「下丘腦 – 垂體 – 卵巢軸」。下丘腦分泌的「促性腺激素釋放激素 GnRH」送到垂體，調節垂體的功能。垂體分泌的「黃體生成激素 LH」和「促卵泡激素 FSH」又控制卵巢的功能。卵巢分泌的「雌激素 Estrogen」、「孕激素 Progesterone」一方面控制生殖系統各部分的功能，另一方面又反過來調節下丘腦、垂體的功能。在此軸上，上一級控制著下一級的功能，而且下一級也同時對上一級起回饋性調節作用。我們日常說的「荷爾蒙失

調」引起的婦科病，很多與此軸失調有關。有研究顯示 [餘謙 -2001]，一組以內分泌失調、不孕、及閉經為主的女性，經過平均兩個多月，每週 6 次的針刺後，她們的荷爾蒙（卵泡刺激素 FSH，雌激素 Estrogen，黃體生成激素 LH……）均有明顯的改善。基礎體溫 BBT 由單相（非常可能不排卵）變為雙相（可能有排卵）也有明顯增加。筆者也遇過不少 PCOS（多囊性卵巢綜合症，不排卵是其中主要症狀之一）患者，經過幾次 IUI 失敗後，前來做針灸 預備做 IVF 時，自然排卵及懷孕。

c. 針灸減輕焦慮，緊張及抑鬱

每個做 IVF 的病人，她們都會努力告訴自己要放鬆，不要緊張。似乎焦慮，緊張對 IVF 成績有壞影響是常識。但這個「常識」是否事實，相信絕大部份 IVF 病人都說不出。幸好有一個研究 [Yuan-2013] 証實了這個關系 – 超過 200 個第一次做 IVF 的病人，透過填寫標準心理學問卷和抽血檢測 2 種壓力荷爾蒙 – Norepinephrine and cortisol。發現壓力荷爾蒙越高，問卷得分也較高，IVF 成功率與嬰兒活產率越低。論文作者更進一步建議 IVF 療程應包括協助病人減壓！但這只是開始，目前情況是 IVF 的失敗率偏高，故可以幾乎肯定說失敗的比成功的多，做多過一次 IVF 的，比比皆是。另一個研究 [Thiering-1993]，正正就是証實一個與此「屢敗屢戰」有關的常識 –IVF 多次失敗者比第一次 IVF 患者有更大的抑鬱。這樣便出現了一個惡性循環 – 焦慮，緊張及抑鬱提高了 IVF 失敗的機會，IVF 失敗了又加重了抑鬱，為再

做下一次 IVF 增加了失敗的機率！幸好在一個研究回顧分析 [Sniezek-2013] 裏支持針灸可治療 / 減輕焦慮，緊張及抑鬱，從而打破這個惡性循環。其中機理，可能與針刺使身體釋出 5-HT（血清素）有關。而適量提高血清素能改善睡眠，使人鎮靜，減少緊張。

d. 針灸改善睡眠質素

針灸可以減輕焦慮，緊張及抑鬱上文已討論過。順理成章，讀者馬上聯想到針灸對失眠也有幫助。筆者從日常診療工作中，也體會到針灸確對一般性質失眠非常有效。用針灸治失眠除了不會成癮外，它還可除煩解憂（見上文），最重要是睡醒時精神奕奕，不像服安眠藥，睡醒時仍頭昏昏。長期服用安眠藥，更有可能對腦部造成損害。但對 IVF 病人來說，最重要是失眠與 IVF 有什麼關系？筆者在日常工作中已發現 IVF 病人失眠 / 睡眠障礙十分普遍。更隱約覺得失眠最終會影響 IVF 成績。故每次診症均查問睡眠狀況。但這方面的研究極少，只有一個，在美國一所大學裏的 IVF 中心及睡眠失調中心聯手做的研究 [Goldstein-2017]，發現取卵數目與總睡眠時間有直接關係。要注意的是，「總睡眠時間」是指良好質素的睡眠時間總和，是用儀器量度出來。簡單來說，這個研究，又証實了另一個「常識」——「充足而良好質素的睡眠，與抽卵數目有直接關係」。 實際上睡眠時間不單影響女性的卵子，也影響男性精子（又是 「常識」！）。而這個研究 [Shi-2018] 更是由香港人熟悉的香港中文大學做。他們發現若睡眠時間少於 4.7 小時，精子濃度明顯下降；反之，

若能睡多過 8 小時，精子濃度明顯上升。不規則的睡眠（輪班、失眠、捱夜⋯⋯）則與精子碎片化（De-fragmentation index）（ 數字越高則 DNA 受損機會越大）。看到這裏，讀者相信已瞭解，針灸不說其它好處，單是改善睡眠質素，已值回票價！工作上筆者經常苦口婆心地勸喻將做或正在做 IVF 的病人及她們的另一半，充足而良好睡眠可以令她 / 他們「快人一步，理想達到」。

e. 針灸可調節免疫系統

IVF 與免疫的關糸，以筆者與病人接觸觀察所得，似乎香港的 IVF 醫生對此不太熱衷，這也難怪，主流醫學機構如 American Society for Reproductive Medicine（美國生殖醫學學會）（簡稱 ASRM）在她們 2018 年的指引 The role of immunotherapy in IVF：a guideline（2018） 也認為現時坊間流行使用的與免疫有關的藥物及療法，均未有足夠証據証實它們能增加 IVF 成功率。基於這個論點，ASRM 也不建議對一般 ART（輔助生育科技，IVF 是其中最主要的部份）病人進行與免疫相關的測試（「Given the lack of a clear relationship between immunophenotypes and ART outcomes, the use of immunological testing in the general ART population cannot be recommended」）。反而在甚多港人前赴做 IVF 的台灣，幾乎對每一個病人都檢測各項與免疫有關的指數及處方相關藥物。筆者不是西醫，故對此做法不宜妄加評論，但針灸對免疫系統有不錯的調節作用，卻是肯定的 [Sun-2010]。筆者暫時找不到針灸直接應用在免疫

指數上有明顯過高/過低（例如 NK cell 過高）的 IVF 病人的相關研究。但有研究顯示 [邱嬪 -2013]，在防治免疫性複發性流產（即使胚胎移植成功並著床懷孕，有免疫問題的病人仍要面對較高的流產風險），經過 3 個月的針刺治療，T 淋巴細胞亞群 CD4, CD8）及 NK 細胞（二者均與與免疫有關）均有改善。故若病人相信 IVF 成功率與免疫有關，針灸是一個很值得考慮的選項。

f. 針灸可降低 IVF 治療過程中 OHSS 的發生機率

OHSS（卵巢過度刺激綜合征 ovarian hyperstimulation syndrome, OHSS）是 IVF 中最常見的併發症，是卵巢接受排卵藥物刺激後，而出現相關症狀，常見症狀如下腹脹、上腹痛、少尿、口渴、呼吸困難及噁心嘔吐、喘促……等等，發病機理現在仍不清楚，主要病理是血管內某些液體滲出血管外，進而導致血液濃縮，腹水、胸腔積水、少尿等症狀出現。即使症狀輕微，也可能要終止 IVF 療程或放棄移植鮮胎而把胚胎冷凍，留待下一個週期移植。症狀中等至嚴重者，可能要入院觀察/處理。最嚴重者甚至危及患者的生命健康。OHSS 另一特點就是懷孕後症狀再加重一些。整體發病率估計約 0.25%（嚴重）至 8%（輕微）。

而這個通常只出現在 IVF 療程的併發症，原來可以在病人做針灸以增加 IVF 成功率時，同時也把 OHSS 的發生機率減低 [何曉霞 -2011, 楊婷 -2013]。

實際上，個人經驗發覺只有極少數病人出現 OHSS 症狀，即或有亦甚輕微，多只有腹脹，不需終止療程，充其量

被迫放雪胎。即使是多囊性卵巢症候群（Polycystic Ovary Syndrome, PCOS 患者，屬於 OHSS 的高危群），也鮮有嚴重的 OHSS。記憶中只有 1-2 位病人需入院觀察（不是治理！），其中一個當時已証實成功懷孕。故在筆者眼中，OHSS 發病率，遠低於文獻的 0.25%-8%，直至為出版此小書，整理資料時，才理解到這其實是做針灸增加 IVF 成功率的 Bonus（花紅）。

2. 針灸治理常見與不孕相關的婦科病

這本小書雖重點在中醫藥針灸在 IVF 所起的作用，但實際上筆者主張先盡量嘗試自然受孕，最後才考慮 IVF。以下談到兩種常常導致不孕／懷孕困難的婦科病，很多女性就是因為這兩個病而找 IVF 幫助懷孕。其實針灸對此二病也有不錯的療效。但更重要是針灸治療就已是「IVF 術前調理」，即既冶病的同時亦同時改善了卵子質素，子宮環境等，為迫不得已要做 IVF 時奠下基礎。而事實上確是有不少病人在治療／預備過程中自然懷孕。

以下兩個病會在本書不同章節裏再次出現，為了保持每個章節的獨立及完整性，內容可能有少部份重疊，敬希讀者諒解。

a. 子宮內膜異位症

關於子宮內膜異位症的機理症狀等，讀者可參考「不孕的主要原因現代觀」有關章節。

有研究 [Qun-2017] 把傳統治療子宮內膜異位症西藥（Mifepristone）與針灸比較，治療 6 個月後比較療效，發

現針灸對症狀（經痛減輕，下腹腫塊變細……）改善，比使用 Mifepristone 效果更好。更重要的是血中 CA125（一般稱為「腫瘤指數」，也用於診斷子宮內膜異位症，指數愈高，症狀愈嚴重）消減，針灸也比西藥優勝，可見針灸的療效除了把症狀減輕外，還可把病情控制下來。這些病理改變對最終要做 IVF 的病人意義很大 —— 提示隨著盆腔環境改善，極可能取得較多及較佳卵子，放胎能成功著床的可能性也提高。

以筆者經驗，對此病針刺加上中藥及艾灸比單純針刺效果理想得多，中藥的清熱解毒去瘀，加上艾灸的溫通，能大大促進針刺疏通調節之力，讀者宜留意。

b. PCOS（多囊性卵巢綜合症 Polycystic ovary syndrome，簡稱 PCOS）

多囊性卵巢綜合症（PCOS）是最常見影響婦女的內分泌疾病。症狀多見月經不調、月經量少、不孕症……等。發病機理至今仍未全面瞭解。就診斷的定義而言，目前常用的定義是 2003 年歐洲生殖醫學會（ESHRE）及美國生殖醫學會（ASRM）在荷蘭鹿特丹達成所謂的「鹿特丹共識」（Rotterdam consensus）：

（1） 不排卵或不規則排卵

（2） 臨床上或生化上（抽血）顯示為男性賀爾蒙過高

（3） 超音波診斷顯示多囊性卵巢

以上三項符合兩項就是多囊性卵巢症候群，但也是必須排除其它因素例如泌乳素過高，腎上腺增生，及甲狀腺功能等問題。

筆者記得早年接觸 PCOS 患者時，腦子裏對這類病人形象是「男人婆」，肥胖、月經稀疏。後來經驗多了，發覺很多月經尚算穩定或經期稍長的纖瘦美女，也可能是 PCOS 患者－症狀主要是不排卵及超音波顯示多囊性卵巢！實際上，這個病絕不宜單純地看待為月經病或不孕症，因 PCOS 患者患上糖尿病，心血管病甚至部份癌症的機率也較高。只是本文只討論不排卵導致不孕這方面。

以針灸治療 PCOS 的研究很多，其中一個研究 [Jedel-2011] 以稀發月經為主要症狀的 Pcos 病人，發現經過 16 個星期（共有 14 次針刺）的針刺治療，月經週期頻率由 0.28 上升 0.69（每月計），即由 3.57 個月 / 次升至 1.45 個月 / 次。而且這個效果即使在第 32 周（即停止針刺 16 周後），效果只有輕微回落，仍比未針刺前明顯好。另一個研究 [Johansson-2013] 更顯示了針灸能明顯提升排卵率－－一個令 PCOS 患者不孕的主因。

在日常工作中，對一個有經驗而又以婦科 / 不孕科為主的針灸醫師來說，上述兩個研究的「發現」（改善月經稀發，和促排卵），均是經常可以做出的成績。事實上，筆者本人很喜歡以不孕為主訴，年齡 38 以下，沒有其它問題，男方精子合格的 PCOS 病人，她們很大機會經過 3-4 個月針灸中藥調治後，為筆者的工作成績單添上光彩。

3. 針灸與 IVF

針灸用於 IVF 的歷史不算很長，以筆者所找到的資料顯示，最早是在 1999 年。德國的 Stener 在 IVF 的抽卵過程中

以針刺取代傳統止痛劑 [Stener-1999]。他把病人分成 2 組 — 針刺組及 Alfentanil（傳統止痛劑）組，發現針刺效果可媲美 Alfentanil。但更令人驚奇的是，著床率，懷孕率及嬰兒出生率，針刺組均明顯較高。由此刻開始，便開啟了以針灸輔助 IVF 以增加成功率的一頁。諷刺的是，這次試驗，雖証實了針刺在抽卵時有鎮痛作用，但往後的研究卻鮮有向這方面發展。而基於實際情形，一般 IVF 中心都沒有針灸醫師駐場，這亦可能是在這方面沒有發展下去的原因。

FERTILITY AND STERILITY（一份以生殖醫學為主的權威學術期刊）於 2002 年刊登了一篇由德國醫生 Paulus 所寫的論文 [Paulus-2002]，是於 IVF 胚胎移殖前 / 後 25 分鐘進行針刺，針刺組與非針刺組之臨床受孕率（Clinical pregnancies rate）為 42.5% vs 26.3%。即移植前後進行針刺，可大幅提升 IVF 成功率。這很可能是第一篇以提升 IVF 成功率為主要目的的針灸論文。自此之後有大量相關研究，但大都圍繞移植前後針刺。部份則在抽卵前或移殖後之黃體期再加針刺。這些研究均有一特點，就是只在 IVF 療程那個月內進行針刺。一般只針一至四次，絕大部份為二次。

a. 兩個香港大學做的研究

有趣的是，不是所有研究均一面倒說針刺有效，例如其中 2 個在香港大學在瑪麗醫院於 2006 至 2007 年做的研究（論文發表於 2009 及 2010 年 [So-2009, So-2010]），以真針刺（治療組）與假針刺（對照組）作為 IVF 輔助治療，對比二者的成功率。所謂真針刺是指以真正的針灸針，刺在特定穴位上，並穿過皮膚到達一定深度。而假針刺是一種改

造過的針，針頭是鈍，刺到與真針刺相同的穴位的表皮上，但不穿過皮膚。而這兩個研究便得出一個「真針刺與假針刺，在作為 IVF 輔助治療，效果沒有分別，故針刺對 IVF 沒有幫助。」。直至今天，瑪麗醫院的官方立場仍是「針灸對 IVF 無幫助」。我們就把這兩篇論文仔細看看：

[So-2009] 是針對鮮胎移植，把當年進行鮮胎移植的病人分成兩組：真針刺（185 人），假針刺（185 人），於胚胎移植前 25 分鐘及胚胎移植後 25 分鐘進行真 / 假針刺，得出成績（持續妊娠率）：真針刺：59 人（59/185=31.9%）；假針刺：75 人（75/185=40.5%）

[So-2010] 是針對凍溶胎移植，把當年進行凍溶胎移植的病人分成兩組：真針刺（113 人），假針刺（113 人），於胚胎移植後 25 分鐘進行真 / 假針刺；但還有第三組 106 人（不願參加研究）。得出成績（持續妊娠率）：真針刺：34 人（34/113=30.1%）；假針刺：44 人（44/113=38.9%），不願參加研究 ：23.6%（共 106 人不參加）

把上述兩篇論綜合起來而製成下表 ：

	真針刺 （real acupuncture）	假針刺 （placebo acupuncture）	不參加 （不進行真或假針刺） （Decline Group）
鮮胎移植 （fresh embryo transfer）持續妊娠 率 [So-2009]	31.9% （59/185）	40.5% （75/185）	不適用
凍溶胎移植 （frozen embryo transfer）持續妊娠 率 [So-2010]	30.1% （34/113）	38.9% （44/113）	23.6%（共 106 人 不參加）

　　驟眼看便覺做假針刺比真針刺更好，由於假針刺是「假」的，真針刺便可証無效！但再掘下去便有不同，這兩個研究是 2006-2007 年做的，以下是瑪麗醫院網站公佈的成功率（執筆寫本書時只有 2010-2013 年數字）：

（Source ：http：//www.obsgyn.hku.hk/ivf/tc/successrate.html dated 31-August-2018，本打算只引用有關數字，但本書初稿完成後再審閱時，發覺有關網頁已不同，故只好將原先存起的截圖放上以作証明，詳情請參閱文末之按語）

現將該兩篇論文及瑪麗醫院 2010-2013 成功率綜合成下表：

	真針刺 （real acupuncture）	假針刺 （placebo acupuncture）	不參加 （不進行真或 假針刺） （Decline Group）	2010-2013 成功率
鮮胎移植 （fresh embryo transfer） 持續妊娠率	31.9% （59/185）	40.5% （75/185）	不適用	31.8- 35.1% （32.7%, 32.7%, 35.1%, 31.8%）
凍溶胎移植 （frozen embryo transfer） 持續妊娠率	30.1% （34/113）	38.9% （44/113）	23.6% （共 106 人 不參加）	22.3- 31.4% （22.3%, 22.8%, 24.4%, 31.4%）

不難看出，瑪麗做的假針刺，不論在鮮胎移植或凍溶胎移植，以 2006-2007 的 IVF 成績完勝 2010-2013 成績，雖然 IVF 技術已更新了 1-2 代 !! 其實真針刺已表現不錯，特別是凍溶胎移植方面，只比 2013 年差少少！我們可以合理推斷真針刺已有一定療效，只是假針刺成績太突出，才弄出個「真針刺無效」的結論！寫到這裏，讀者會覺得胚胎移植前後，都做這些假針刺，是否就可增加成功率？答案是否定！因為現時還沒有其它確實的研究去支持這些假針刺在 IVF 方面的效用；而且針刺基本上是人工作業，其成效與施針者的手法，力度，深度……等也有關系，這也是針刺研究的結果

很多時都不一致的原因之一。當初瑪麗做這兩個研究時，不自覺地用了一個非常有效的假針刺對比極可能是有一定效用的真針刺，自然得出一個錯誤的結論－在胚胎移植前後進行真針刺沒有效用 !! 筆者感到可惜的是，當日若有關研究人員不滿足於「在胚胎移植前後進行真針刺沒有效用」，而是繼續發掘「為何假針刺效果比真針刺還好或為何假針刺效果非常好？」，相信到今天應可發展出一套新型的「IVF 輔治針刺」了！即使以筆者之不才，也因這個假針刺而得到啟發，把一貫應用的針刺手法作出部份更改，發覺效果似乎有所增加！事實上，以筆者所知，因應此等「假針刺」（其實是另類針刺），國內已有研究開發一種新型針刺儀器，在以千計病人試驗中，相信不久將有結果。

（按：筆者出版前再檢查瑪麗醫院有關網頁，發現已有所不同，成功率不再以數字而是以圖形顯示，且數目上出入頗大，例如 2010 年之鮮胎移植持續妊娠率（Per transfer）約為 40% 而非上文的 32.7%，但查閱 2010 年香港人類生殖科技管理局（The Council on Human Reproductive Technology）表 15，香港整體之鮮胎移植持續妊娠率（Per transfer）約為 30.27%（196+809）/（639+2681），遠比瑪麗醫院新網頁上之數字（約 40%）為低，而接近筆者於 2018 年截圖的 32.7%，同樣道理，查閱香港人類生殖科技管理局 2013 年表 15 凍融胚胎移植持續妊娠率（Per transfer）為 31.23%（1002/3208），遠低於瑪麗醫院新網頁上之 37%，與筆者於 2018 年截圖的 31.4% 非常接近。故原有截圖的數字似更合理。新圖表也有混淆不清之處，內文

表示瑪麗醫院量度 IVF 成功率是以持續妊娠率計算，但圖表的標題卻是臨床妊娠率！故筆者最終仍採用原有截圖）。

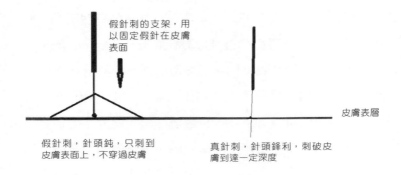

假針刺的支架，用以固定假針在皮膚表面

皮膚表層

假針刺，針頭鈍，只刺到皮膚表面上，不穿過皮膚

真針刺，針頭鋒利，刺破皮膚到達一定深度

4. 合理的療程

前文說過，不是所有研究都一面倒支持針灸，其中一個原因導致研究結果不一致的是很多研究只在胚胎移植前後進行針刺 1-2 次，這個數量以常規針刺治療來說，極之不足夠。而且對於那些從未試過針刺的人來說，第一次針刺可能是一次痛苦兼緊張的經驗。若是發生在胚胎移殖前後，甚至可能會產生不利的結果。這亦是筆者從不主張怕針的患者在胚胎移植後繼續針灸。相反，有部份患者胚胎質素尚可，只是子宮血流較差，本身對針刺反應較大，故即使只針刺 1-2 次也可能有顯著效果。

筆者經常被問到療程這個問題。

女性自出生起，每邊卵巢約有約 250,000-500,000 個休眠卵泡（Resting follicles）。直至排卵前約 85 天左右會有少量卵泡從休眠中甦醒過來 —— 開始受體內的內分泌荷爾蒙等調控，故這時進行調理，成本效益最高。亦即是說，要在

IVF 療程前 2-3 個月開始針灸。當然早點，例如 4 個月前也可。2-3 個月是從患者角度來說，性價比最高。事實上，若患者的情況很差，例如較嚴重的子宮內膜異位症，原則上是早點調治較好，讓卵子在一個相對較佳的環境下養三個月，效果應較佳。但反過來說，患者若是高齡或卵巢早衰，也不適宜花太長時間調理，因這類患者卵巢衰退速度極快，短短半年已有明顯衰退，調理的好處未必追得上衰退速度！故簡單而言，對將接受 IVF 療程的患者來說，2-4 個月已夠。當然，若是希望自然懷孕而非預備做 IVF，則不在此例。

5. IVF 術前調理

「IVF 術前」是指打肚皮針刺激卵子生長那個週期前約 1-3 個月。先講一個在丹麥做的報告 [Mao-2017]，20 個 IVF 失敗 1-5 次而又有卵巢儲備功能下降（DOR）（Diminished ovarian reserve）的病人，年齡 28-40，平均 38 歲。1 個月 4-6 次，經過約 3 個月針灸後（做 IVF 的，促排卵時也繼續針刺），3 人自然懷孕，餘下 17 人於再次做 IVF 時均懷孕。說實話，這個成績，在香港很難做到，可能與丹麥人體質有關。但無論如何，針灸對她們幫助很大。他們所用的穴位主要是百會，足三裡，三陰交，歸來，子宮，次髎，曲泉，陽陵泉，太溪……等。主要都是補脾腎，活血調肝為主。但這個研究因病人都懷了孕，再沒有驗血看 DOR 有沒有改善。

若覺得上文在丹麥做的研究只有 20 人，代表性不夠，另一個在中國大陸做的研究，共有 200 多人，應有一定代表性。觀察針刺對多囊卵巢綜合征（Polycystic ovarian syndrome，PCOS）患者在 IVF 過程中的卵子質量影響 [李靜 -2015]。電針組（119 例）和對照組（98 例），兩組患者均採用長方案促排卵。電針組在長方案前一個月開始針刺，每天一次，每五天停一至二天，經期不針，直至取卵日。即在取卵前針刺約兩個半月。結果發現在取卵數量方面兩組分別不大，但電針組的紡錘體位於極體 11 點至 1 點（什麼是「紡錘體位於極體 11 點至 1 點」可暫時放下，總之它代表了優質卵子的特徵）的卵子數占卵子總數的比例明顯高於對照組；電針組的優質胚胎率及臨床妊娠率均較對照組高。所用的穴位也很常規：足三裡，三陰交，子宮，汽海，腎俞，內關。

筆者不厭其煩再引述第三個研究，這個研究由中國中醫科學院做 [Yang-2016]，21 個 DOR 病人平均 37 歲，先量度她們的 FSH 及 LH。療程是針刺 12 周，頭 4 周每週 5 次，後 8 周每週 3 次。在第 12 周針刺完畢後再量度 FSH 及 LH。病人同時在第 4, 8, 12, 24 周時記錄她們的主觀感受（煩燥，憂鬱）

	開始	12 周 （完成療程）	24 周 （完成療程後 12 周）
FSH 平均值 mIU/mL	19.33	10.58	11.25
LH 平均值	6.35	4.55	4.33
FSH/LH 平均比例	3.43	3.26	2.7
主觀感受（煩燥，憂鬱） （0- 沒有 1- 溫和 2- 中等 3- 嚴重）	1.81	1.13	1.00

發現平均 FSH 由開始時的 19.33 mIU/mL 降至於第 12 周完成療程的 10.58。LH 及 FSH/LH 同樣地于第 12 周完成療程時明顯降低。主觀感受（煩燥，憂鬱）亦同樣減輕。最重要即使在第 24 周（完成療程後 12 周），除了 FSH 有極輕微反彈外（仍遠比開始時低），其餘指數均比第 12 周（剛完成療程）低。可見針刺 3 個月後，不單改善了 DOR，其治療效果在停止針刺後最少維持多 3 個月。更可見 IVF 療程前進行調理之重要。若讀者能把本章節與上文　「針灸治病的機理」一併消化，理解應深刻很多。

因香港病人較忙，故在這 2-3 個月內（IVF 術前）一般只建議病人一個星期針灸一次，且同時服用中藥。

6. IVF 術中調理

這段時間是指注射藥物以刺激卵子生長，一般不超過 2 星期。這段時間，至關重要，不容有失。原因很間單，時間非常短促，卵子在這 2 星期內的生長速度，相對之前 2-3 個月快得多。所以筆者通常都建議一星期針灸 2 次。而且病人在這段時間精神非常緊張，失眠者比比皆是，一星期針灸 2 次，正好適時舒緩緊張的情緒，改善失眠狀況。

7. IVF 術後調理 – 放胎前後

放胎前後針灸，可說是　「IVF針灸」的特色。顧名思義，是在胚胎移植前及後進行針灸，原則上針灸時間與胚胎移植不宜相隔太久。這個做法源於德國在 2002 年刊出的一個研究 [Paulus-2002]，即上文　「針灸與 IVF」談到的同一篇論

文，就是在胚胎移植前 25 分鐘及移植後 25 分鐘做針刺，發現可明顯提高臨床懷孕率（42.5% vs 26.3%）。這確是一個很大的分別。但以筆者個人經驗，若只做這兩次，成功率應可增加些少，但不大可能有這麼大的分別。原因很簡單，影響 IVF 成功率的因素雖然很多，但最重要的仍是胚胎質素。而胚胎質素則取決於卵子質素，而胚胎移植前／後這 2 次針灸只能影響著床環境些少，對已受精的胚胎則毫無影響，故成功率的改善不會這麼大。話雖如此，因胚胎粒粒皆血淚（這句話，只有過來人才能真正體會），故應爭取任何可增加成功率的空間－改善子宮環境，增加子宮血流，調整內分泌，減輕焦慮緊張，改善睡眠……這全都是針灸強項。

這裡還有一個問題，就是放胎前後這 2 次時間安排。除非是 IVF 中心內附設有針灸服務，否則不可能在胚胎移植前 25 分鐘及移植後 25 分鐘做針刺。即使在同一天內，在香港也非常困難。因大部份胚胎移植都在上午進行，病人通常上午 8 點前到 IVF 中心報到，故移植前的針灸一般是前一天做。移植後那次針灸則可以在同一天做。若移植那天是星期一，以筆者來說，星期日是休息日，故移植前的針灸只能在星期六，即移植前 2 天做。這種安排應不會影響療效，因針灸的效應，一般都最超過 2 天。

說到這裏，筆者雖說過在香港很難做到胚胎移植前 25 分鐘及移植後 25 分鐘做針刺，但其實有兩間香港醫院的 IVF 中心是有提供相關的針刺服務，做針刺的是駐醫院的物理治療師，而非中醫師（其實此中有頗大分別，但不在此細說）而這項服務一般由醫生建議給病人，而非常規 IVF 程式

的一部份。而以筆者所觀察，醫生亦只是對那些「屢敗屢戰」的病人作出此項建議，讓她們「反正無害，姑且一試」。意義上跟本文所說很不相同。相反，在另一處港人做 IVF 的熱點，其中一個 IVF 中心內就有中醫診所，故他們的 IVF 套餐內已包此放胎前後針灸，由中醫師操作。雖可能是「生意綽頭」，也可見這個前後針灸，有其賣點。

至於放胎後做多少針灸，個人做法是放胎後做 1-4 次，視乎情況及不同胚胎（2- 3 日，5 日）而定。但若病人非常怕針，則不宜放胎後繼續針灸。可能有讀者問一個更基本的問題，放胎後是否可以針灸？問題的更深層意義是，孕婦可否針灸？對這個問題，筆者嘗試用另一個角度去回應－香港人很喜歡去旅遊 / 移民的地方，新西蘭（New Zealand），那裏的助產士（Midwife）是要學習使用針灸（Maternity acupuncture）去處理常見的孕婦病 [Betts-2016] ！題外話，所引用論文的作者 Betts 女士，本身是護士，興趣關係，最終成為全職針灸師，擅長以針灸治理婦科及產科病，在西方針灸界有一定知名度，並編寫了一本同樣在西方針灸界頗受歡迎的專著 －「The Essential Guide to Acupuncture in Pregnancy & Childbirth（針灸應用－懷孕與分娩）」。說到這裏，讀者應理解到放胎後是否可以針灸（或孕婦可否針灸）已不是問題，問題是怎樣針灸，但這卻肯定與針灸醫師的訓練及經驗有莫大關系。

8. 艾灸

我們說的針灸，其實是針刺及艾灸的總稱。單純針刺接

上電針儀則彌為「電針」，針刺或電針加上艾灸才叫「針灸」。艾灸療法是中醫特有的一種外治法，具有溫經通絡活血、溫陽補氣、散寒除濕、補中益氣及防病保健的作用。廣泛用於內、外、婦、兒科，明代的《醫學入門》亦說「藥之不及，針之不到，必須灸之。」可見艾灸在作為中醫治療手段，與中藥及針刺具有同等重要性。有一個研究[胡芳-2009]，在服用促排卵藥時，比較單純配合雌激素或單純配合艾灸後，對子宮內膜的厚度，內膜血流阻力與超聲類型的影響，發現二者皆能增厚內膜，但艾灸組內膜血流阻力於注射排卵藥當日（HCG日）較雌激素組為低；而內膜型態較佳之比例及妊娠率，艾灸組皆較雌激素組為佳，但未達統計學上顯著。可見艾灸有一定療效。

艾灸的煙和味未必人人接受，有讀者可能會問有沒有艾灸的代替品，以筆者所知，暫時仍找不到理想代替品，艾灸治病主要透過物理作用（熱力輻射）及燃燒艾條時的藥理作用。灸時的紅外線輻射，既可為身體細胞的新陳代謝活動、免疫功能等提供所需的能量，也可為活化病態細胞。艾灸所發放的近紅外光，能促進機體免疫功能，恢複抗病能力[楊華元-1996]。至於艾灸時產生的艾煙，有抗衰老、抗菌、清除自由基、抗病毒、抗癌、提高免疫力以及改善微循環等效應[皮大鴻-2017]

9. 常用穴位介紹

以下穴位是筆者常用於輔治IVF的穴位，臨床上仍需按病人情況有所加減，例如病人憂心忡忡，則需加配舒肝解鬱

的穴位，方能顯效。病人應諮詢中醫師，不宜自行按壓或艾灸有關穴位。

中脘，關元，氣海 ：三穴皆屬任脈，中脘 ：健脾和胃，溫中化溫。IVF 療程中，部份病人覺腹脹惡心，此穴用之有效，亦可防治 OHSS。關元，氣海 ：大補元氣，溫腎化濕。

子宮、歸來 ：二穴皆婦科常用穴。歸來屬胃經，活血去滯，溫經散寒。子宮穴屬經外奇穴，調經理氣。二穴同用，有助刺激卵泡生長。

足三里，三陰交，地機，太溪 ：足三里屬胃經，是強壯養生要穴，有補中益氣，健脾胃的作用。三陰交屬脾經，由於位處肝脾腎三條陰經之交會處，故名三陰交，對此三臟功能失調的病症，有一定療效；為婦科常用穴，孕婦慎用。地機屬脾經，常用於月經不調，有說對糖尿病有效，依類比推想，對 Pcos 也可能有針對性效果。太溪屬腎經，可溫腎壯陽滋腎水，為補腎要穴。

腎俞，膀胱俞 ：二者皆屬膀胱經。腎俞有補腎助陽、調節生殖功能之效。膀胱俞具有清熱利濕，通經活絡的功效。

參考文獻

Fernando 1995	Fernando Bonilla-Musoles, MD, Mara C. Marti, MD, Maria Jose Ballester, MD, Francisco Raga, MD, Newton G. Osborne, MD, PhD Normal Uterine Arterial Blood Flow in Postmenopausal Women Assessed by Transvaginal Color Doppler Ultrasonography J Ultrasound Med 14：491-494, 1995
Goldstein 2017	Goldstein CA, Lanham MS, Smith YR, O'Brien LM. Sleep in women undergoing in vitro fertilization：a pilot study. Sleep Med. 2017 Apr;32：105-113. doi：10.1016/j.sleep.2016.12.007. Epub 2016 Dec 21.
Jedel-2011	Jedel E, Labrie F, Oden A, Holm G, Nilsson L, Janson PO, Lind AK, Ohlsson C, Stener-Victorin E. Impact of electro-acupuncture and physical exercise on hyperandrogenism and oligo/amenorrhea in women with polycystic ovary syndrome：a randomized controlled trial. Am J Physiol Endocrinol Metab 300：E37–E45, 2011
Johansson 2013	Johansson J, Redman L, Veldhuis PP, Sazonova A, Labrie F, Holm G, Johannsson G, Stener-Victorin E. Acupuncture for ovulation induction in polycystic ovary syndrome：a randomized controlled trial. Am J Physiol Endocrinol Metab. 2013 May 1;304（9）：E934-43. doi：10.1152/ajpendo.00039.2013. Epub 2013 Mar 12.
Mao-2017	MAO Qun-hui（毛群暉）. Acupuncture for the treatment of diminished ovary reserve 針灸治療卵巢儲備功能低下 World Journal of Acupuncture-Moxibustion（WJAM）Vol. 27, No.3, 30th Sep. 2017

參考文獻

Paulus-2002

Paulus WE, Zhang M, Strehler E, El-Danasouri I, Sterzik K.
Influence of acupuncture on the pregnancy rate in patients who undergo assisted reproduction therapy.
Fertil Steril. 2002 Apr;77（4）: 721-4.

Qun-2017

Qun Shen; Jing Lu
Clinical Observation of Acupuncture-Moxibustion for Endometriosis.
International Journal of Clinical Acupuncture. Apr-Jun2017, Vol. 26 Issue 2, p96-100.

Shi-2018

Shi X, Chan CPS, Waters T, Chi L, Chan DYL, Li TC.
Lifestyle and demographic factors associated with human semen quality and sperm function.
Syst Biol Reprod Med. 2018 Jul 23 : 1-10. doi : 10.1080/19396368.2018.1491074. [Epub ahead of print]

Sniezek-2013

David P. Sniezek, DC, MD, MBA, FAAMA and Imran J. Siddiqui, MD
Acupuncture for Treating Anxiety and Depression in Women : A Clinical Systematic Review
Med Acupunct. 2013 Jun; 25（3）: 164–172. doi : 10.1089/acu.2012.0900
PMCID : PMC3689180

So-2009

So EW, Ng EH, Wong YY, Lau EY, Yeung WS, Ho PC.
A randomized double blind comparison of real and placebo acupuncture in IVF treatment.
Hum Reprod. 2009 Feb;24（2）: 341-8. doi : 10.1093/humrep/den380. Epub 2008 Oct 21.

參考文獻

So-2010	So EW, Ng EH, Wong YY, Yeung WS, Ho PC. Acupuncture for frozen-thawed embryo transfer cycles : a double-blind randomized controlled trial. Reprod Biomed Online. 2010 Jun;20（6） : 814-21. doi : 10.1016/j.rbmo.2010.02.024. Epub 2010 Mar 4.
Steer-1995	Steer, C.V., Tan, S.L., Mason, BA. and Campbell, S.（1995b）Vaginal color Doppler assessment of uterine artery impedance correlates with immunohistochemical markers of endometrial receptivity required for the implantation of an embryo. FertiL Steril., 61, 101-108.
Stener-1996	Stener-Victorin E, Waldenström U, Andersson SA, Wikland M Reduction of blood flow impedance in the uterine arteries of infertile women with electro-acupuncture. Hum Reprod. 1996 Jun;11（6） : 1314-7.
Stener-1999	Stener-Victorin E, Waldenström U, Nilsson L, Wikland M, Janson PO. A prospective randomized study of electro-acupuncture versus alfentanil as anaesthesia during oocyte aspiration in in-vitro fertilization. Hum Reprod. 1999 Oct;14（10） : 2480-4
Sun-2010	Sun Kwang Kim a,b, Hyunsu Bae Acupuncture and immune modulation Autonomic Neuroscience : Basic and Clinical 157（2010）38–41 Review
Thiering 1993	Thiering P, Beaurepaire J, Jones M, Saunders D, Tennant C. Mood state as a predictor of treatment outcome after in vitro fertilization/embryo transfer technology（IVF/ET）. J Psychosom Res. 1993 Jul;37（5） : 481-91.

參考文獻

Yang-2016	Yang Wang, Yanhong Li, Ruixue Chen, Xiaoming Cui, Jinna Yu, and Zhishun Liu Electroacupuncture for reproductive hormone levels in patients with diminished ovarian reserve：a prospective observational study Acupunct Med. 2016 Oct; 34（5）：386–391 Published online 2016 May 13. doi： 10.1136/acupmed-2015-011014
Yuan-2013	Yuan An & Zhuangzhuang Sun & Linan Li & Yajuan Zhang & Hongping Ji Relationship between psychological stress and reproductive outcome in women undergoing in vitro fertilization treatment：Psychological and neurohormonal assessment J Assist Reprod Genet（2013）30：35–41　DOI 10.1007/s10815-012-9904
何曉霞 -2011	何曉霞，張學紅，魏清琳 初步探討針刺治療對卵巢過度刺激綜合征（OHSS）的影響 生殖與避孕, 2011/12
餘謙 -2001	餘謙，黃泳，張和媛，路紹組，潘美蘭，屠國春， 劉道國 針刺調補沖任法對女性內分泌軸功能的影響 — 附 25 例臨床分析 中國針灸, 2001/03
李靜 -2015	李靜，崔薇，孫偉，張琪瑤，管群 電針幹預對多囊卵巢綜合征患者紡錘體及卵子品質的影響，中國中西醫結合雜誌 2015 年 3 月第 35 卷第 3 期
楊婷 -2013	楊婷 針刺療法降低 IVF-ET 中 OHSS 發生的機制研究 蘭州大學 2013-03-01
邱嬪 -2013	邱嬪 針刺治療免疫性復發性流產的臨床研究 黑龍江中醫藥大學, 2013-06-01

參考文獻

馬瑞芬 -2006	馬瑞芬，陸海娟，陸金霞，施孝文，沈建忠 針刺促排卵與血 FSH、LH、E2 的關系 浙江中西醫結合雜志，2006/11
盧金榮 -2017	盧金榮，白妍，王威巖，周振坤，郭程程 溫針灸對寒凝血瘀型繼發性閉經卵巢子宮動脈血流的影響 針灸臨床雜志 2017/12
Betts-2016	Betts, D., McMullan, J. & Walker, L. The use of maternity acupuncture within a New Zealand public hospital：Integration within an outpatient clinic New Zealand College of Midwives Journal・Issue 52・2016 45-49
胡芳 -2009	胡芳 艾灸對促排卵週期子宮內膜的影響 廣州中醫藥大學，2009-04-01
楊華元 -1996	楊華元，劉堂義 艾灸療法的生物物理機制初探 中國針灸，1996 年第 10 期，DOI：10. 13703 /j . 0255 -2930. 1996. 10. 014
皮大鴻 -2017	皮大鴻 艾煙的研究現狀與發展 中西醫結合護理（中英文），2017 年第 3 卷第 5 期

調理篇

本篇主要是從日常生活著手，為備孕、預備或正在做IVF 的人營造最佳的內在環境，以期提高成功機會。

1. 調理是什麼意思

調理，就是把可調控的因素優化起來。對打算／正在備孕的人來說，影響她們最大的因素是年齡，但這個卻是不能改變。而可改變的包括生活模式，飲食／食療，／服用補充品／中藥，睡眠，運動等均是可優化。在筆者接觸的 IVF 病人當中，感覺到她們的 IVF 醫生甚少甚至根本沒有向她們提供這方面意見。數年前，曾有病人向筆者反映，她曾向她的IVF 醫生查詢，做點運動會否對 IVF 有所幫助，她得到的答案是，「除了打針吃藥，其它全不管用」！若讀者認同這位醫生，那麼，便不必再花時間閱讀本章節。事實上，筆者編寫本章節，相當程度也是受這個回答所推動。

2. 生活模式

相信很多人都知道生活模式與個人健康式式相關。但其實生活模式與懷孕或做 IVF 成功與否也很有關系。肥胖

（BMI >= 30）的與正常體重 （BMI 18.5–24.9）的 IVF 病人相比，肥胖的嬰兒活產率較低，在卵巢刺激的反應也較差， 用藥時間也要稍長，活產率較低可能與流產率較高有關 [Fedorcsak-2004]。但要留意不要在 IVF 療程中進行減肥，否則會影響著床率 [Braga-2015]。

吸煙基本上已公認于健康有害。對男性而言，吸煙可導致精子數量及活躍度及精液容積均較低 [Kovac-2015]。對女性而言，吸煙對胚胎質素，特別是能否把胚胎培養至 Blastocyst（5 日胚胎）亦有負面影響。相反，多進食水果及魚類，則對胚胎培養至 Blastocyst 亦有正面幫助。[Braga-2015]。同一個研究亦顯示飲用酒精類飲品同樣對對胚胎質素有壞影響。無論如何，吸煙與酒精，不論是否備孕，也不宜沾手。若懷孕後，更要滴酒不沾，避免嬰兒出現「胎兒酒精綜合症（Fetal Alcohol Syndrome）」，此症可影響嬰兒外貌智力及行為。直至現在，醫學界仍不知當懷孕之後，什麼時候，什麼份量的酒精攝入才是「安全」，故最好是完全不酒 [Raja-2005]。

a. 咖啡奶茶

咖啡奶茶可能是筆者被問到「備孕期間可否飲用」 最多 的飲品。只是找了很久也找不到備孕期間飲用咖啡奶茶與 IVF 結局的關系而較具份量的研究。故只能參考孕婦飲用咖啡的安全性研究。咖啡或奶茶最主要是含咖啡因，按照 WHO 世衛 指引，每天攝取 不多於 300 mg 咖啡因對孕婦是安全 [WHO-2016]。但歐洲食物安全部（European Food Safety Authority）則認為上限為 200mg [EFSA-2015]。有

研究發現攝取多於 300 mg 咖啡因與自然流產有關 [Lyngsø-2017]。那麼，200-300mg 咖啡因是什麼意思？香港的消費者委員會於 2013 年 10 月在流行的速食店、茶餐廳、餐廳、精品咖啡店、臺式飲品專門店、便利店等。測試 80 款咖啡和奶茶的咖啡因含量，一般咖啡類別平均每杯為 200 （110-380）mg，港式奶茶樣本的每杯平均咖啡因含量為 170 毫克。故若每天只能飲用一杯咖啡或一杯港式奶茶，不能二者兼飲。因香港人體質一般較西方人差，故備孕女性每天飲用應少於一杯咖啡或港式奶茶。不要忘記，除了咖啡或港式奶茶外，還有很多飲品包括傳統中國茶，都含有咖啡因。故安全份量又要再低一點。

b. 糖類飲品

筆者在整理咖啡因資料時同時發現一篇有趣的研究，喝不加糖的咖啡的女性比喝加糖的咖啡的女性，IVF 成功率較高 [Machtinger-2017] ！衍生出來的意思就是飲食均需「少糖」。原因是當血糖過高，會引起胰島素抵抗，最終影響卵子質素。論文作者更懷疑，關於咖啡有害的研究，其實是否與糖有關！故日常飲食，宜少糖。從中醫學角度來說，過食甜味，易生痰濕，而痰濕乃百病之源！但筆者要提一句，千萬別用代糖。

3. 活性氧類 ROS

在調理身體方面，一個很重要的名詞一定要認識：活性氧類（Reactive oxygen species，ROS），是生物有氧代謝過程中的一種副產品，具有很強的化學反應活性。但過多

的 ROS 會以各種手段對人體進行氧化傷害；如：傷害細胞的遺傳因子 DNA……等。上文提到的酒精，就是會大幅增加體內 ROS 的飲品。抽煙也是另一種能大幅增加體內 ROS 的壞習慣。當然，不主動吸煙也極可能被動地吸二手煙，可說是避無可避！ROS 也可由於內在原因而產生，例如子宮內膜異位症引起的發炎，會引起身體內的 ROS 增加而可能破壞卵子的 DNA，最終影響 IVF 成功率！由於 ROS 無處不在，且對 IVF 成功率有一定影響，故連外國學者也主張男女雙方在備孕前、中、甚至懷孕後也要調理（「It is important to optimise the biological internal environment （milieu intérieur） of both partners before and during conception, and during pregnancy」）[Comhaire-2017]。文中的調理主要是禁煙酒及服用補充品，特別是那些有抗氧化作用的，以中和 ROS 及修補其帶來的損害。

4. 睡眠

很多人都意識到做 IVF 時要有充足睡眠，但究竟睡眠對 IVF 有幾大影響，相信很多人都說不清，事實上筆者也只找到極少相關的研究。其中一個在台灣做的，發現在做 IVF 病人中，睡眠困擾，是她們各種心理煎熬中最嚴重 [Lin-2016]。但這只是整件事的一半，另一半則是，睡眠充足與否，與整個 IVF 療程裏最重要的一環——抽卵，有莫大關系。原因是總睡眠時間與取卵數目成正比——睡得多些可以抽得多些卵 [Goldstein-2017]！但這樣說來，整天不醒只睡，是否就抽得大量卵子？當然不是，凡事均是適可而止，有研究把 IVF

病人的睡眠時間分成三組：每晚睡 4-6，7-8 及 9-11 小時。結果以受孕率計，是睡眠 7-8 小時那組最好，4-6 小時那組次之，9-11 小時那組最差！很明顯，不是愈多愈好 [Park-2013]。論文作者提出可能睡得太多破壞了晝夜節律及荷爾蒙週期，導致 IVF 受孕率下降。晝夜節律這個觀點，跟中醫學裏的睡眠學說很相似。《靈樞·大惑論》說：「夫衛氣者，晝日常行於陽，夜行於陰。故陽氣盡則臥，陰氣盡則寤。」。這段文字就是說人應該日間醒，夜間睡，才能陰陽調和，若睡得太多或太少，就會陰陽失調，自然諸事不利。睡眠不足不單影響女方，也影響男方的精子，詳情已在本書的「針灸篇」論述。故筆者經常不厭其煩地向打算做 IVF 的夫婦說明，充足睡眠是她／他們好必修科。而針灸對失眠的治療效果極佳。

5. 運動與陽光

很多人都會以運動作為備孕一部份。運動確是對預備成孕有幫助，做 IVF 之前一年起計，運動較多的比運動少有更高的成功率 [Evenson-2014]。另一個研究也指出，適量運動（一般運動，每星期超過 1 小時至約 5 小時）相比不運動的，有較高的嬰兒活產率 [Rao-2018]。適量運動可增加身體胰島素的敏感度，有利著床。同時又可改善卵巢功能，使卵巢對排卵藥更敏感。運動更可減壓，改善睡眠，還有一點現在已成為 IVF 的熱點——免疫功能異常，運動可維持免疫平衡（不是單純提高或降低），這些全都與 IVF 成功與否甚有關系。綜合看來，運動是備孕的必修科。但凡事都要適

可而止，經常從事高強度的運動（精疲力竭），卻對生育能力不利 [Gudmundsdottir-2009]。還有一點，即使是適量運動，也不是一定有利備孕。有報導指每星期騎自行車超過 5 小時，會減低男性精子的密度及活躍度，原因可能與騎自行車會使陰囊與自行車坐位摩擦造成陰囊溫度升高有關 [Wise-2011]。

對大多數讀者來說，她們最大的問題是缺乏時間做運動，筆者認為這是個決心與堅持的問題。但時間若真是一個問題，可以在每天在乘坐公共交通上班 / 下班時，早一點下車，然後以較快步速回到辦公室 / 回家。要求做到心跳稍稍加速，身體稍稍出汗，每天堅持 20 分鐘，已有不錯效果！

說到運動，不能不提的是做運動盡可能在室外，陽光下最好。近年很多研究發現不育與 Vit. D 缺乏很有關係，更發現 Vit. D 充足的與 Vit. D 不足的 IVF 病人相比，嬰兒活產率前者明顯高於後者 [Chu-2018]。那麼最簡單的做法就是採用 Vit.D 補充品，而曬太陽就是當今最簡單，不花錢，沒有副作用而質素最高的 Vit.D 補充品。當然，女生們怕曬黑，過份曬太陽更可能引起皮膚癌，問題是曬多久才合適？筆者幸好找到了答案，以穿著 T 裇短褲計，即約有 35% 身體面積暴露於陽光下，在正午時分曬 13 分鐘，一星期三次，已可產生足夠（但未達理想水準）的 Vit. D[Rhodes-2010]。以上的研究以英國為計算基礎，香港夏天陽光遠比英國強烈，故在正午時間以穿著 T 裇短褲計，一星期三次，每次曬上 15 分鐘，同時做運動，效果應理想。但要留意，想曬但又怕曬黑，便傍晚時才與太陽見面，這種曬法製造不了 Vit.

D, 因為當太陽在我們較低角度時,例如在傍晚,陽光需要穿越較長距離的臭氧層,陽光裏紫外線 B(UVB)被臭氧層吸收殆盡,故到不了地球。所以外國有所謂影子定理「當陽光造成的影子長過自身高度,所接受的陽光做不了 Vit. D」(If your shadow is longer than your body height, you can't make any vitamin D)。當然,在臭氧層被破壞的地區,這個規律可能不成立。其實 Vit. D 缺乏對身體除了影響鈣質以外,還可能增加一些慢性病(例如糖尿)及癌症的風險,故適量曬太陽其實極之重要。我們的祖先千百萬年以來都是在陽光下生活,故身體己很適應,也很依賴充足的陽光,怕曬太陽,只是近代/現代的新(病態)潮流,基因應未改變過來,故可推想,曬少了太陽,對健康必定有壞影響。

6. 氣功

暫時未見有任何關於氣功用於增加 IVF 成功率的研究。氣功除了用於養生外,更用於抗癌。就是這個抗癌作用,使筆者聯想到用於增加 IVF 成功率上。原因是早期的胚胎很多時都有不正常的細胞,但最終仍發展出正常嬰兒,是因為胚胎內一個「自我修復」機制,把不正常的細胞除掉。氣功抗癌機理仍未被全面理解,但一般認為氣功能「提升正氣,驅逐病邪」。這個說法雖然「土」了一點,卻附合日常觀察。若母親練習氣功,加強了卵子的「提升正氣,驅逐病邪」能力,進而令到胚胎的「自我修復」機制有所提升,對成功率應大有益處。即使以上推想不成立,氣功仍有很多與 IVF 有密切關系的好處。

改善微循環效應－做過 IVF 的讀者可能都知道她們的 IVF 醫生曾經處方阿司匹林（Asparin）給她們，其中一個用處就是薄血，以改善血液循環。修練氣功時，很多都會手指尖腳指尖發熱發麻，在氣功上這叫「得氣」，是因毛細血管血流量比平時大幅增加，這顯示了血液流通至身體最末端的地方，有理由推想，血液能去到手 / 腳指尖，亦會流通至卵巢，子宮內膜等器官。對想做 IVF 的女性來說，好處不言自明。

調整腦神經效應——在鬆靜自然的氣功狀態下大腦皮層和中樞神經可得到 有效的調整，起了很好的減壓作用，內分泌趨於正常化。對內分泌已紊亂，精神又承受著大壓力的 IVF 病人，這個效果很有幫助。

7. 食療

以下介紹幾種常見而價錢合理的食品以作食療用 ：

花膠 ：魚鰾的乾製品，又名魚肚。

花膠中含有的生物大分子膠原蛋白質，是人體合成蛋白質的重要原材料，又易於吸收和利用。對男性而言，花膠還可促進精囊分泌果糖，為精子提供能量。 但花膠難消化，可致胃痛、胃脹等。另外，花膠性質屬濕、偏涼，部份人食後可能誘發 / 加重濕疹、鼻敏感等症狀。因很多病人詢問筆者關於花膠煎湯的問題，建議病人將適量花膠一次過發水，然後剪成小塊，約 3 吋 x 2 吋，因難消化故不必大塊，也不要花錢買厚的，獨立包裝，放入雪櫃的冰凍格內，每天取一塊，加熱，加點醬油食用即可。

糙米：是稻米脫殼後的米，保留了粗糙的外層，保存完整的稻米營養，富含維生素 B, E 及多種營養成分，可補養脾胃。可煮粥或加入日常白米煮白飯用。

黑豆：黑豆富含的亞油酸、食物纖維、卵磷脂等，能對血液中的膽固醇得以有效抑制，其花青素、維生素 B 群含量也非常高，適度攝取更有幫助抗氧化。一般配合肉類熬湯，惟應先炒過方才熬湯。

核桃仁：核桃仁性味甘平、溫潤，具有補腎養血、潤肺定喘、潤腸通便的作用。同時核桃仁還是一味使頭髮變黑、養顏、防衰老的食品。《神農本草經》將核桃列為久服輕身益氣、延年益壽的上品。一般可作小食，餸菜，熬湯，或研碎熬粥等。核桃仁還富含維生素 A、E、 B1、B2、葉酸、精胺酸等。有醫生於放雪胎時「處方」維生素 E 及精胺酸以增厚病人子宮內膜。

鮮淮山：鮮淮山與乾淮山都是同一種植物，又名山藥。乾淮山一般藥用或煲湯，鮮淮山則一般作日常餸菜。淮山有益氣養陰，補脾肺腎，固精止帶功用，對於脾胃虛弱、倦怠無力、食欲不振、久泄久瀉或容易泄瀉均有一定療效。

海參：即海中人參之意。海參富含精胺酸，是卵子精子形成的必要成分，對增強性功能有一定作用。對精血虧虛、畏寒肢冷、性欲低下、子宮寒而不孕者有一定幫助。據《本草綱目拾遺》中記載：海參，味甘鹹，補腎，益精髓，攝小便，壯陽療痿，其性溫補，足敵人參，故名海參。海參具有提高記憶力、延緩性腺衰老之效。

羊肉：《本草綱目》記載，「羊肉能暖中補虛，補中益氣，

開胃健身，益腎氣」，有益氣補虛溫腎之功，為冬令進補的佳品，可配以不同藥材紅燒或清燉，適用於虛寒性不孕者

　　蝦皮 ：蝦皮是一種食材，主要是由毛蝦曬乾製成。蝦皮營養豐富，裡面蛋白質的含量遠大於很多水產品及牛肉、豬肉、雞肉等肉製品。蝦皮有「鈣庫」之稱，礦物質含量和種類豐富，除了含有陸生、淡水生物缺少的碘元素，鐵、鈣、磷的含量也很豐富。蝦皮其實還有一種重要的營養物質 ── 蝦青素，一種極強抗氧化劑，又叫超級維生素 E 。在中醫學來說，蝦皮性溫、味甘、鹹、有補腎壯陽，理氣開胃之效。但蝦皮中的鈉含量非常高，故不宜多吃。

　　以上所說的都是單味食材，可作日常餸菜，以下則介紹幾個食療方 [王如躍 -2006] ：

a. 術前至降調（如適用）期間食療

 花膠杞子瘦肉湯

原料：花膠 60 克，杞子 30 克，瘦肉 120 克，陳皮 6 克，山
　　　藥 30 克 。

好處：可滋補肝腎，益精養血，可增強男精女卵。夫婦雙方
　　　每週服 1-2 次。

b. 術中（促排卵）期間食療

 參芪苡米瘦肉湯

原料：黨參 30 克，黃芪 15 克 ，生苡米 20 克，瘦肉 120 克，
　　　陳皮 6 克。

好處：女方每週服 1-2 次。可健脾益氣祛濕，可預防 OHSS

（卵巢過度刺激綜合征）。

男方可繼續服術前方（花膠杞子瘦肉湯）。

c. 胚胎植入後食療

🥣 粟子蓮子牛肉湯

原料：粟子肉 30 克，蓮子肉 30 克，牛肉 150 克，陳皮 6 克，
　　　紅棗 10 粒。

好處：可補腎益氣健脾，養血安胎。女方每週服用 2 次。

再介紹一個藥膳方 ──「暖巢煲」。是尤昭玲教授創立。尤教授是前湖南中醫藥大學校長，也是筆者的論文指導老師。她是中醫婦科學專家，對中醫藥輔治 IVF 很有心得。暖巢煲主要由山藥、枸杞子、黃芪各 10g，巴戟天、黃精各 5g，耳環石斛 3g，三七花 2g，冬蟲夏草 1 根組成，排骨或鴿肉或鵪鶉肉及鵪鶉蛋或雞蛋適量，可據個人不同口味加放相應的食物和調味品，服用時可去殼食蛋並喝湯，以暖巢填精、護卵養泡，可改善卵巢功能及提高卵泡質素。

8. 其它補充品

蜂王漿（Royal Jelly）- 蜂王漿是工蜂等咽腺及咽後腺的分泌物，是專門供給將要變成蜂后的蜜蜂幼蟲的食物，也是蜂后終身的食物。工蜂或雄峰，孵化後吃三天蜂王漿以後改為吃蜂蜜和花粉的長成蜜蜂（工蜂）；蜂后幼蟲則於孵化後一直食用蜂王漿而長成蜂后。筆者不想在這裏說蜂王漿有什麼豐富的維生素礦物質等，只是簡單說出蜂王漿在西方世

界裏除了是一般的補充品外，更是備孕常用的補充品。對卵巢功能差的病人很有幫助，但要注意的是，有子宮肌瘤，子宮內膜異位／巧克力囊腫的病人，即使已經手術切除，也不宜服用蜂王漿。曾經患有其它良性或惡性腫瘤者，即使已經過治療甚至已經治癒，也不宜服用。少部份人會對蜂王漿敏感，故開始時宜只服最低份量再少些少的份量數天，看看會否敏感。還有值得一提的是，蜂王漿對男性的性慾及精子也有好處。

蜂膠（Propolis）——蜂膠是蜜蜂從植物芽孢或樹幹上採集的樹脂，加上蜜蜂自身一些腺體的分泌物而成。是蜜蜂修補蜂巢所分泌的黃褐色或黑褐色的粘性物質，可入藥。性平，味苦、辛、微甘，有消炎止痛的功效。外國有報導對患有子宮內膜異位症（內異症）者有一定正面作用。但要留意這些報導都是零星及少規模，以筆者經驗蜂膠性偏涼，作為內異症的「補充劑」，宜加上溫腎的中藥同用，及於促排卵時留意反應以決定是否停用，胚胎植入後停用。

參考文獻

Rhodes-2010	Rhodes LE, Webb AR, Fraser HI, Kift R, Durkin MT, Allan D, O'Brien SJ, Vail A, Berry JL. Recommended summer sunlight exposure levels can produce sufficient（> or =20 ng ml（-1））but not the proposed optimal（> or =32 ng ml（-1））25（OH）D levels at UK latitudes. J Invest Dermatol. 2010 May;130（5）：1411-8. doi：10.1038/jid.2009.417. Epub 2010 Jan 14.

參考文獻

Braga-2015	Braga DP, Halpern G, Setti AS, Figueira RC, Iaconelli A Jr, Borges E Jr. The impact of food intake and social habits on embryo quality and the likelihood of blastocyst formation. Reprod Biomed Online. 2015 Jul;31（1）：30-8. doi：10.1016/j.rbmo.2015.03.007. Epub 2015 Mar 27.
Fedorcsak 2004	Fedorcsak, P., Dale, P.O., Storeng, R., Ertzeid, G., Bjercke, S., Oldereid, N., Omland, A.K., Abyholm, T., Tanbo, T. Impact of overweight and underweight on assisted reproduction treatment. Hum Reprod. 2004 Nov;19（11）：2523-8. Epub 2004 Aug 19.
Kovac-2015	Kovac JR, Khanna A, Lipshultz LI. The effects of cigarette smoking on male fertility. Postgrad Med. 2015 Apr;127（3）：338-41. doi：10.1080/00325481.2015.1015928. Epub 2015 Feb 19.
Raja-2005	Raja A S Mukherjee Low level alcohol consumption and the fetus Abstinence from alcohol is the only safe message in pregnancy BMJ. 2005 Feb 19; 330（7488）：375–376. doi：10.1136/bmj.330.7488.375
Comhaire 2017	Comhaire FH, Vandenberghe W, Decleer W External factors affecting fertility, and how to correct their impact. Facts Views Vis Obgyn. 2017 Dec;9（4）：217-221.
Wise -2011	Wise LA, Cramer DW, Hornstein MD, Ashby RK, Missmer SA. Physical activity and semen quality among men attending an infertility clinic. Fertil Steril. 2011 Mar 1;95（3）：1025-30. doi：10.1016/j.fertnstert.2010.11.006. Epub 2010 Dec 3.

參考文獻

Evenson-2014	Evenson KR, Calhoun KC, Herring AH, Pritchard D, Wen F, Steiner AZ Association of physical activity in the past year and immediately after in vitro fertilization on pregnancy. Fertil Steril. 2014 Apr;101（4）：1047-1054.e5. doi：10.1016/j.fertnstert.2013.12.041. Epub 2014 Feb 10.
Lyngsø -2017	Lyngsø J, Ramlau-Hansen CH, Bay B, Ingerslev HJ, Hulman A, Kesmodel US. Association between coffee or caffeine consumption and fecundity and fertility：a systematic review and dose-response meta-analysis. Clin Epidemiol. 2017 Dec 15;9：699-719. doi：10.2147/CLEP.S146496. eCollection 2017.
Machtinger 2017	Machtinger R, Gaskins AJ, Mansur A, Adir M, Racowsky C, Baccarelli AA, Hauser R, Chavarro JE. Association between preconception maternal beverage intake and in vitro fertilization outcomes. Fertil Steril. 2017 Dec;108（6）：1026-1033. doi：10.1016/j.fertnstert.2017.09.007. Epub 2017 Oct 3.
EFSA-2015	EFSA Panel on Dietetic Products, Nutrition and Allergies（NDA）. Scientific Opinion on the safety of caffeine EFSA J. 2015;13（5）：4102
WHO-2016	WHO. Recommendations on Antenatal Care for a Positive Pregnancy Experience. Geneva：WHO; 2016：152
Rao-2018	Rao M, Zeng Z, Tang L. Maternal physical activity before IVF/ICSI cycles improves clinical pregnancy rate and live birth rate：a systematic review and meta-analysis. Reprod Biol Endocrinol. 2018 Feb 7;16（1）：11. doi：10.1186/s12958-018-0328-z.

參考文獻

Gudmundsdottir 2009	Gudmundsdottir SL, Flanders WD, Augestad LB Physical activity and fertility in women：the North-Trøndelag Health Study. Hum Reprod. 2009 Dec;24（12）：3196-204. doi：10.1093/humrep/dep337. Epub 2009 Oct 3.
王如躍 -2006	王如躍，羅德慧 中醫食療在試管嬰兒助孕技術中的應用 東方食療與保健 ,2006（01）
Goldstein-2017	Goldstein CA, Lanham MS, Smith YR, O'Brien LM. Sleep in women undergoing in vitro fertilization：a pilot study. Sleep Med. 2017 Apr; 32：105–113.
Lin-2016	Lin YH, Chueh KH, Lin JL Somatic symptoms, sleep disturbance and psychological distress among women undergoing oocyte pick-up and in vitro fertilisation-embryo transfer. J Clin Nurs. 2016 Jun;25（11-12）：1748-56. doi：10.1111/jocn.13194. Epub 2016 Apr 14.
Park-2013	I. Park, H.G. Sun, G.H Jeon, J.D. Jo, S.G. Kim, K.H. Lee The more, the better? the impact of sleep on IVF outcomes Fertility and Sterility Volume 100, Issue 3, Supplement, September 2013, Page S466
Chu-2018	Chu J, Gallos I, Tobias A, Tan B, Eapen A, Coomarasamy A Vitamin D and assisted reproductive treatment outcome：a systematic review and meta-analysis. Hum Reprod. 2018 Jan 1;33（1）：65-80. doi：10.1093/humrep/dex326.

也談 PGS

PGS 可能是近年來在 IVF 病人羣組裏談論最多的詞彙，它是否那麼神，是否非做不可，是否有利無害，細閱下文，便有個概念。

1. PGS vs PGD

PGS（Pre-implantation Genetic Screening）全名是「種植前遺傳學篩查」。是指在胚胎移植入子宮前，檢測胚胎染色體數目的方法。從而避免移植染色體數目不正常的胚胎。由於 PGS 是針對染色體數目正常與否，故亦有稱作 PGT-A（Preimplantation Genetic Testing for Aneuploidy）。為免混淆，專家已有新的詞彙：

PGT-A（Preimplantation Genetic Testing for Aneuploidy）= PGS

PGT-M（Monogenic/single gene disorders）= single-gene PGD

PGT-SR（Chromosome structural rearrangements）= chromosomal PGD

坊間上多仍叫 PGS/PGD，故本文仍跟此叫法。

　　望文知義，有了「Screening 篩查」二字，便知 PGS
是指一種檢查措施，在一組胚胎中，篩除那些可能有病或有
缺陷的胚胎。即從數量較多中揀選少量較好的。

　　與 PGS 相 近 的 是 PGD。PGD（Preimplantation
Genetic Diagnosis）全名是「胚胎著床前基因診斷」。有
了「診斷」二字，便知 PGD 是用於驗測胚胎在移植前是否
有特定遺傳病或染色體缺陷，從而避免把父母的遺傳性疾病
帶到下一代。

　　所以 PGD 是為避免父母雙方或單一方有遺傳病（例如
重症地中海貧血）而傳給嬰兒，是為一個明確醫療原因而做，
原則上是非做不可。相反，PGS 並沒有明確 / 已知的醫療理
由，只是從一組胚胎裏揀選可能是較好的（染色體數目正常）
以供移植，。由於 PGD 是非做不可，故設有太多討論空間。
本文只著重討論 PGS，從一個病人角度，是否真能幫到準媽
媽。

2. 現今主流意見認為適宜使用 PGS 的病人包括：

· 高齡女性（38 歲或以上）

· 慣性流產的女性

· 有多次異常妊娠的女性

· 有多次人工受孕失敗的女性

· 嚴重男性不育症

3. PGS 到現今已經歷了兩代 － PGS 1.0 及 PGS 2.0

首先要留意，若做 PGS，胚胎是用 ICSI 受精，而非自然受精，這是避免在自然受精環境下其他精子的遺傳物質污染到胚胎。故若不願做 ICSI，便不能做 PGS。第一代是 PGS 1.0，是採用發育第 3 天卵裂期胚胎，以活檢抽出 1-2 個細胞作基因測試，因第 3 天卵裂期胚胎一般只有約 6-9 個細胞，且這個時期細胞內部變化甚大，故最終因對胚胎傷害過大及準確性低而淘汰。代之而來的是 PGS 2.0，採用培養至第五天的囊胚期胚胎做 PGS。

4. PGS 的問題

a. 五天的囊胚 & ICSI

第一個問題來了，不是每個病人都有足夠胚胎培養至第五天的囊胚，而能存活的胚胎不一定能在人體外存活至第五天，已有學者質疑（不計 PGS）做第五天的囊胚是否比做三天的分裂期胚胎更明智，其中一個理由就是「……By committing to embryo transfer at blastocyst stage, there is a risk of losing some embryos, which might not survive the challenge of extended culture but might have, if transferred to the uterus, survived in vivo, implanted and resulted in a pregnancy……」（強行把胚胎體外培養至囊胚，可能損失一些在體內能存活而體外不能存活的胚胎）[Maheshwari-2016], 若為做 PGS 有可能把這些可能有

用的胚胎浪費掉！另一個值得留意之處是，做 PGS 的胚胎是需要做 ICSI，即使丈夫的精子是極度健康也不例外，對不欲「上帝之手」（自然淘汰選擇出最適合的精子去跟卵子受精）變成「胚胎師之手」（胚胎師自行選出最適合的精子並注射到卵子裏使之受精）的病人來說，這點絕對需要考慮。3 日胚胎 VS 5 日胚胎也好，上帝之手 VS 胚胎師之手也好，其中利弊，頗具爭議，筆者不便在此細說，讀者可於網上找資料自行研究。

b. TE 細胞是否能反映 ICM 細胞

PGS 是採用囊胚的滋養外胚層，抽取 5-8 個細胞活檢。原來囊胚期胚胎由兩種細胞組成 —— 滋養外胚層 Trophectoderm TE 及內細胞團 Inner cell mass ICM。TE 最後大部分會形成胎盤，而 ICM 最後將會發育成為胎兒。PGS 的活檢只抽取 TE 細胞，此亦是 PGS 2.0 其中一個爭論之處。TE 細胞是否能反映 ICM 細胞？

有一個研究發現先把老鼠胚胎的細胞破壞，發現 ICM 細胞的自我修復能力比 TE 細胞強很多 [Bolton-2016]。另一個研究是採用捐獻的（共 8 個），在每個胚胎的 TE 採三份活檢，發現部份胚胎 TE 的三份活檢結果都不一致。更令人吃驚的是，把其中四個胚胎的 ICM 也作活檢，其中三個的結果與 TE 的比較，也是不一致！可見以 TE 細胞做 PGS 不能代表及 ICM 細胞的情況 [Orvieto-2016]

c. 嵌合現象（Mosaicism）

抽取 5-8 個細胞活檢就能代表整個 TE ？原來細胞有

個「嵌合現象（Mosaicism）」，即是在同一個生物體身上，同時擁有多種具有不同基因型細胞的現像。這段文字有點難理解，但套到我們 PGS 這個題目上，是指胚胎裏的細胞裏的基因組合有 3 個可能性：（1）可能是所有細胞基因數目全正常，（2）可能是所有細胞基因數目不正常（例如唐氏綜合症是第 21 組基因比正常多了一條），即所有細胞第 21 組基因都比正常多了一條。（3）部份細胞有正常基因數目，部份細胞卻有不正常基因數目！最後的情形就是 Mosaicism。即是說，那 5-8 個 TE 活檢細胞，驗出是正常的也好，不正常的也好，因為 Mosaicism，不能代表整個胚胎也是如此。有學者利用 11 個捐獻的胚胎作研究，這些胚胎都是經過一家具規模的實驗室經過 PGS 認定為基因數目不正常，不宜移植的胚胎。再次在這些胚胎的 TE 細胞活檢（即是 Second biopsy，見下文）及由另一個同樣具規模的實驗室做 PGS，發現其中 4 個是正常，2 個是正常 /Mosaic，5 個是不正常，但其不正常情形跟先前驗的不一樣。可見 Mosaicism 對 PGS 結果影響之大！最終把其中 8 個胚胎植入，居然最後有 5 個正常嬰兒出生 [Norbert-2016]。事實上，已有很多報告表明把所謂 PGS 不正常的胚胎植入，仍生出正常嬰兒。

有學者計算出要抽取 27 個 TE 細胞作活檢 [Gleicher-2017]，才有統計學代表性！而現時一般只抽取 5-8 個細胞，數量上明顯不足，若真是抽取 27 個，對胚胎影響可能太大。

d. 胚胎自我修復

胚胎自我修復是指胚胎即使部份細胞染色體數目異常（Aneuploidy 非整倍體），胚胎能透過某些機制把異常的細胞排除，胚胎最後能健康發展，前題是胚胎有足夠的健康細胞，已有動物研究証實這個說法 [Bolton-2016]。亦有分析顯示，形態學上異常的分裂期胚胎亦可以發展成囊胚期胚胎，並通過 PGS 檢測 [Lagalla-2016]，間接証實了胚胎自我修復能力。

5. PGS 合格率

有部份病人做 PGS 的原因是因為能通過 PGS 的胚胎的成孕成功率很高，但要注意，這些成功率是指通過 PGS 後的胚胎的成功率，若妳的胚胎過不了 PGS，這些成功率便與妳無關。記著做 PGS 是要用 Blastocyst 做，這個入門檻已難倒不少人。有研究顯示 37 歲以上的病人需要做 2.75 次抽卵才可以有 PGS 合格的胚胎以供移植 [Kang-2016]。以筆者經驗，西方人身體一般比東方人好，與香港人相比，更好很多，故 2.75 次換到香港，很可能是 3 次以上，若以香港私家 IVF 中心 / 醫院價格計算，3 次抽卵加上 PGS 費用估計為 40-50 萬港元！ 請記著，花了這些錢只是有 PGS 合格的胚胎可供移植，不代表必定成功！要留意 2.75 次是抽卵，開始了療程但反應太差而取消的還未計算在內！

6. PGS 成功率

說了這麼多，究竟 PGS 合格的胚胎是否成功率特高 ？一個在美國做的研究 [Simon-2018]，對經過 PGS（他們用的是 SNP 技術，而現時一般多用 NGS）檢測合格的胚胎，追蹤她移植後有否成孕，最終有沒有活產，得出以下數據（活產百份比：

年齡	< 35	35-37	38-40	41-42	>42	總數
移植次數	256	174	168	49	18	665
活產數	168	124	100	24	13	429
活產 % (per transfer)	65.6	71.3	59.5	49	72.2	64.5

總體而言，達致 64.5% 活產率，非 常不錯。但數字有點怪，>42 歲的活產率達到 72% ！比 <35 歲的還好！論文沒有解釋這些「怪現象」。無論如何，這組數字反映了 PGS 檢測過的胚胎活產率確是較高。筆者猜想，美國人體質可能比大部份東方人好，胚胎承受活檢（抽掉 5-8 個細胞） 所做成的損害 能力較高是活產率較高的主要原因。更要留意的是，論文內提供數據的 2 間 IVF 中心，其中一間有 80% 的週期是做 PGS，另一間也有 40.5% 週期做 PGS，比一般的 IVF 中心多很多很多！論文也提到，送檢胚胎的 PGS 及格 （Euploid）率約 55.7%，遠比筆者日常工作所觀察的為高，可能送檢的門檻很特別！還有工多藝熟，特別是做活檢的技術及做 PGS 的實驗室，至關重要！

7. 第二次活檢（A second biopsy）

聰明的讀者可能已想到，既然 TE 細胞有 Mosaic，若第一次活檢結果不理想或不能下結論（Non-conclusive），可否再做多一次活檢？答案是肯定的！但要注意，再做多一次活檢，即是要多一次解凍 / 抽取細胞 / 冷藏，對胚胎造成一定損害，影響最終生存能力，而且所費不菲。事實上這方面研究不多，實際上也不可能多！其中一個 [Parriego-2018] 是把 61 個經 PGS 認定為「不能下結論（Non-conclusive）」，在病人同意下再做第二次活檢，結果解凍後，只有 46 個存活，即的 75%（筆者按，解凍後死亡率這麼高，反映了這批胚胎質素欠理想），並再做活檢（Second biopsy），其中 44 個有活檢結果，令人驚的是，當中 29 個為染色體數目正常！在這 29 個 Second-biopsy 的胚胎其中 18 個再次解凍以供移植，再次令人吃驚的是解凍後 18 個全數存活並移植到 18 個女性的子宮裏，最後 7 個臨床妊娠（血 hCG 逐步升高且超聲可發現宮內孕囊），最終其中四個健康活產，一個仍在懷孕，二個流產。

8. 結論

美國生殖醫學協會（American Society for Reproductive Medicine）出了一個「專家意見 Committee opinion」[ASRM-2018] - 文內有這個結論：

「At present, however, there is insufficient evidence to recommend the routine use of blastocyst biopsy with aneuploidy testing in all infertile patients 直至現時，仍未有充足証據支持對所有不孕病人常規使用 PGS」。

反之，若決心做 PGS，便要揀選那些在這方面具有深厚經驗的 IVF 中心。上文已說過工多藝熟，是成功率的最佳保證。

若有很多囊胚 Blastocyst，病人可考慮以 PGS 作為篩選手段，揀選「最優質」的胚胎移植，說到底，這是當今最「潮」的技術。但若囊胚數目不多，例如只得二、三個，便要仔細思量。若決定做 PGS，要充份理解 IVF 中心在什麼情形下會把送檢的胚胎棄掉，是否需要病人再次確認。筆者有一個病人在東南亞一處 IVF 熱門地方做 IVF/PGS，5 個囊胚送檢 PGS，結果是全軍覆沒，筆者把那份 PGS 報告向一些專家請教，專家認為其中一個胚胎可以一試植入。但太遲了，IVF 中心認為所有胚胎都不合格，故全部已棄置！

上文提到的第二次活檢（A second biopsy）也是一個可考慮的方案，病人應在決定做 PGS 時便要與醫生討論此方案，若認為此方案可行，對那些胚胎可棄置或保留作 Second biopsy 更要與 IVF 中心有共識。

與其事後補救，不如事前預防。已有學者認為中醫學所說的「腎」已包含了染色體相關理論，中醫說「腎藏先天之精」，又說「以後天補先天」，故相信補腎的中藥都有保護和增進 DNA 正常功能的功用 [鄭敏麟 -2003]。隨年齡增長，生物體 DNA 損傷積累，損傷修復能力下降。一個以小鼠為對象的實驗 [卓勤 -1998]，証實了補腎益精藥物有保護 DNA 減少損傷及抗損傷的能力，改善 DNA 結構隨年齡增長的變

化。這個研究提示補腎的中藥對高齡人士的卵子精子有保護 DNA 減少損傷及抗損傷的能力。事實上，有研究發現服用中藥後，精子的質量有了明顯改善外，精子染色體斷裂率亦明顯減低 [余宏亮 -2014]。中醫藥用於防治慣性流產已有長久歷史，筆者推想可能與強化了細胞自我改善機制有關。染色體多態性患者的流產比例一般比正常人為高，但經過 3 個月中藥調理後再懷孕，其流產比例已降至正常水平 [梁藝研 -2017]。當然，這些研究的往後追訪及樣本數目均未必足夠產生公認的說服力。

　　坊間上有一說法：「做了 PGS 可避免用自己的肚做篩選」。看了上述討論，希望對此說法有所改變。

　　筆者強調並非反對做 PGS，只是病人中有不少是第一次做 IVF，但 IVF 中心（特別是東南亞部份 IVF 中心）告訴她 PGS 是 IVF 中的第三代，即是最新的技術。病人便以為第三代必定比第二代好，當然更好過第一代！不知道第三、二、一代其實是針對不同需要，而非技術高低的排名。部份 IVF 中心只簡單向病人說 PGS 可提高成功率，對其它細節卻輕輕帶過，她們便因此做 PGS。當然若病人高齡（例如 40 歲或以上），又或慣性流產，亦非第一次做 IVF，則 PGS 或可能幫上忙。病人先調理二個月，找一間在 PGS 方面很有經驗的 IVF 中心，跟著盡快做幾個超排卵週期，同時維持中藥針灸調理，儲蓄一定數量的 Blastocyst，然後做 PGS，當然這百份百是一個金錢遊戲。

參考文獻

Parriego-2018	Parriego M, Coll L, Vidal F, Boada M, Devesa M, Coroleu B, Veiga A Inconclusive results in preimplantation genetic testing：go for a second biopsy? Gynecol Endocrinol. 2018 Sep 5：1-3. doi：10.1080/09513590.2018.1497153. [Epub ahead of print]
Orvieto-2016	Orvieto R, Shuly Y, Brengauz M, Feldman B. Should preimplantation genetic screening be implemented to routine clinical practice? Gynecol Endocrinol. 2016;32：506–8.
Gleicher-2017	Gleicher N, Metzger J, Croft G, Kushnir VA, Albertini DF, Barad DH. A single trophectoderm biopsy at blastocyst stage is mathematically unable to determine embryo ploidy accurately enough for clinical use. Reprod Biol Endocrinol. 2017 Apr 27;15（1）：33. doi：10.1186/s12958-017-0251-8.
Norbert-2016	Norbert Gleicher, Andrea Vidali, Jeffrey Braverman, Vitaly A. Kushnir, David H. Barad, Cynthia Hudson, Yang-Guan Wu, Qi Wang, Lin Zhang, David F. Albertini and the International PGS Consortium Study Group Accuracy of preimplantation genetic screening（PGS）is compromised by degree of mosaicism of human embryos Reproductive Biology and Endocrinology 2016
鄭敏麟 -2003	鄭敏麟，阮詩瑋 中醫藏象實質細胞生物學假說之二 --" 腎 " 與染色體 《中國中醫基礎醫學雜志》2003 年 11 期
余宏亮 -2014	余宏亮，薄立偉，曹恒海，王豔麗，吳延紅 男性染色體斷裂率增高的中醫藥治療 遼寧中醫雜誌 2014 年 06 期

參考文獻

卓勤 -1998	卓勤，徐琦 補腎益精藥物對老年小鼠 DNA 雙鏈結構及損傷修復能力影響 [J] . 中國中醫基礎醫學雜誌，1998, 4（9）：40-44 .
梁藝研 -2017	梁藝研 中藥干預對復發性流產染色體多態性患者巧娠結局影響的臨床研究 《北京中醫藥大學》2017 年
Kang-2016	Kang HJ, Melnick AP, Stewart JD, Xu K, Rosenwaks Z. Preimplantation genetic screening：who benefits? Fertil Steril. 2016 Sep 1;106（3）：597-602. doi：10.1016/j.fertnstert.2016.04.027. Epub 2016 Apr 30.
Lagalla-2016	Lagalla C, Tarozzi N, Sciajno R, Wells D, Di Santo M, Nadalini M, Distratis V, Borini A. Embryos with morphokinetic abnormalities may develop into euploid blastocysts. Reprod Biomed Online. 2017 Feb;34（2）：137-146. doi：10.1016/j.rbmo.2016.11.008. Epub 2016 Nov 24.
Maheshwari 2016	Maheshwari A, Hamilton M, Bhattacharya S Should we be promoting embryo transfer at blastocyst stage? Reprod Biomed Online. 2016 Feb;32（2）：142-6. doi：10.1016/j.rbmo.2015.09.016. Epub 2015 Oct 22.
Bolton-2016	Bolton H, Graham SJL, Van der Aa N, Kumar P, Theunis K, Fernandez Gallardo E, Voet T, Zernicka-Goetz M. Mouse model of chromosome mosaicism reveals lineage-specific depletion of aneuploid cells and normal developmental potential. Nat Commun. 2016 Mar 29;7：11165. doi：10.1038/ncomms11165.

參考文獻

Simon-2018	Simon AL, Kiehl M, Fischer E, Proctor JG, Bush MR, Givens C, Rabinowitz M, Demko ZP. Pregnancy outcomes from more than 1,800 in vitro fertilization cycles with the use of 24-chromosome single-nucleotide polymorphism-based preimplantation genetic testing for aneuploidy. Fertil Steril. 2018 Jul 1;110（1）：113-121. doi：10.1016/j.fertnstert.2018.03.026. Epub 2018 Jun 13
ASRM-2018	American Society for Reproductive medicine The use of preimplantation genetic testing for aneuploidy（PGT-A）： a committee opinion 2018

如何解讀 IVF 中心的成功率

每個成功率背後都有它的故事,也代表了相關 IVF 中心的文化。

1. 常用的指標

香港的 IVF 費用非常高昂,而且由於港女體質差或生育年齡延後等原因,很多時需要做幾次才可能成功,當中費用及所需時間甚為巨大。以做三次抽卵 + 放胎(胚胎移植)為例,在私家 IVF 中心做,可能已用上 HKD300,000-450,000 及 3-6 個月時間。故病人都非常小心選擇 IVF 中心,除了上網查看評語,朋友 / 戰友口碑外,就是比較不同 IVF 中心所公佈的成功率。

現以香巷某大私家私家醫院的 IVF 中心在其網站內提供的數字為例:

2013 年鮮胎移植臨床懷孕率(Fresh Embryo Transfer Clinical Pregnancy Rate)

整體(Overall):約 40%

38 歲臨床懷孕率 是 48%

39 歲臨床懷孕率 是 25%

(一般統計數字包括鮮胎移植及凍溶胎移植兩種。為簡單起見,本文之數字均只屬鮮胎移植)

38 歲跟 39 歲只差一年，成功率不可能有這麼大的分別，38 歲很可能是指 38 歲或以下。39 歲很可能是指 39 歲或以上。但即使如此，這組數字看來不錯，但不要急，細看下文。

香港瑪麗醫院 IVF 中心 2013 年數字（關於香港瑪麗醫院 IVF 成功率，請參閱針灸篇）：

持續妊娠率 / 移植 ：31.8%

並無年齡細分，故應是整體（Overall） 的成積。驟眼看比上文那私家醫院為差，但要留意 2 點：

私家醫院用的是「臨床懷孕率（Clinical Pregnancy Rate）」，瑪麗醫院是「持續妊娠率（On-going pregnancy rate）」 再 加 上「 移 植（ 每 個 移 植 週 期 Per transfer cycle）」。這裏牽涉三個名詞 ：「臨床懷孕率」，「持續妊娠率」及「每個移植週期」。

2. 臨床懷孕率 VS 持續妊娠率 VS 嬰兒活產率

臨床懷孕率：經超聲波檢查發現一個或多於一個孕囊而證實的妊娠，一般 5-6 星期的妊娠週已可發現。

持續妊娠：香港瑪麗醫院的定義是在 8-10 星期的妊娠週，超聲檢查中顯示活胎。亦有定義為 8-12 星期的妊娠週，超聲檢查中顯示活胎，即多 2 周。

可見持續妊娠比臨床懷孕嚴格些，因不少孕婦是在 6-8 周左右就流掉。

嬰兒活產率（Live birth rate 或 take home baby rate）是指最終出生嬰兒的百分比，可說是最有意義的數字，但不是每個 IVF 中心都提供這個數字。

3. 每個移植週期 vs 每個治療週期

另外要留意的是，列出的統計數字是「每個移植週期 per transfer cycle」還是「每個治療週期 Per treatment cycle」。簡單來說，「每個治療週期 Per treatment cycle」是指「那個時段有多少人開始了 IVF 療程」作為基數。而「每個移植週期 Per transfer cycle」則是指「那個時段能夠有胚胎植入的人數」作為基數。 以下一個例子可說明其中分別。

100 個病人開始進入 IVF 療程並接受超排卵藥物注射，但有 10 人反應差而取消療程，20 人抽了卵但因質素差做不了胚胎。只餘下的 70 人可做成胚胎及植入。2 星期後有 36 人驗孕（尿檢）呈陽性，再過多 2 星期，這 36 人當中只有 30 人經超聲波檢查發現一個或多於一個孕囊，再過多 4 星期，這 30 人中有 2 人小產，只餘 28 人繼續懷孕。

（總人數：100）	每個治療週期 per treatment cycle	每個移植週期 per transfer cycle
人數	100	70
尿檢陽性	36	36
尿檢陽性率（%）（生化懷孕率）	36/100*100%=36%	36/70*100%= 51.4%
臨床懷孕人數	30	30
臨床懷孕率（%）	30/100*100%=30%	30/70*100%=42.8%
持續妊娠人數	28	28
持續妊娠率（%）	28/100*100%=28%	28/70*100%=40%

站在 IVF 中心立場幾乎必定是以「每個移植週期 Per transfer cycle」做基數，但作為病人的妳，是否以「每個治療週期 Per treatment cycle」更能真實地反映妳的成功率？留意部份統計數字以「開始週期 Cycle started」代替「治療週期 Treatment cycle」，兩者意義相同。再多說一點，歐洲那邊的數據會有「Aspirations（抽卵）」的數據，以上面例子來說，便會有「100 個治療週期，90 個抽卵週期，70 個移植週期」。

4. 實際例子

若覺得上面例子不夠真實，看看香港人類生殖科技管理局的 2013 年統計（表 15）（Source ：http：//www.chrt. org.hk/tc_chi/publications/files/table15_2013.pdf）

（不計捐贈胚胎）

	體外受精 （IVF）	細胞漿內精子注入法 加體外受精（IVF + ICSI）	（IVF）+ （IVF+ICSI）
已開始週期數目	953	3879	4832
胚胎移植次數	670	2689	3359
臨牀妊娠個案宗數	251	1002	1253
臨牀妊娠率（/已開始週期數目）	26.3%	25.8%	1253/4832 = 25.9%
臨牀妊娠率（/移植）	37.5%	37.3%	1253/3359 = 37.3%

	體外受精 （IVF）	細胞漿內精子注入法 加體外受精（IVF + ICSI）	**（IVF）+ （IVF+ICSI）**
持續妊娠個案宗	200	793	**993**
持續妊娠率（／已 開始週期數目）	21%	20.4%	**993/4832 =20.6%**
持續妊娠率 （／移植）	29.9%	29.5%	**993/3359 =29.6%**

上表的「已開始週期數目」即本文的「治療週期 Treatment cycle」。

前文已提過，我們說的 IVF 其實是包括 IVF（體外受精）及 IVF+ICSI （體外受精加細胞漿內精子注入法） 故筆者製備了上表第四個直行（粗黑色），方便比較。

因為除了香港人類生殖科技管理局這類機構會把 IVF 及 IVF+ICSI 兩組數字分開統計公佈外，其它機構包括瑪麗院都是把這兩組數字合併公佈。

下表是把香港某大私家私家醫院的 IVF 中心，香港瑪麗醫院 IVF 中心及香港人類生殖科技管理局的 2013 年統計合併起來比較 ：

	香港某大私家私家醫院的 IVF 中心 2013 年數字	香港瑪麗醫院 IVF 中心 2013 年數字	香港人類生殖科技管理局的 2013 年統計
臨牀妊娠率（／已開始週期數目）	沒有提供	沒有提供	25.9%
臨牀妊娠率（／移植）	40%（註 -1）	沒有提供	37.3%
持續妊娠率（／已開始週期數目）	沒有提供	沒有提供	20.6%
持續妊娠率（／移植）	沒有提供	31.8%	29.6%

註 -1 ：有關 IVF 中心網頁上只有數字（成功率），沒有說明是以移植週期 per transfer cycle 或治療週期 per treatment cycle 計算。筆者按一般做法假設該 IVF 中心是以移植週期 per transfer cycle 計算。

可以看到，以「每個移植週期 Per transfer cycle」列出的數字，對客人（病人）的吸引較大。此亦可能為什麼只有香港人類生殖科技管理局才列出「每個治療週期 per Treatment cycle」的統計數字。但說了半天，讀者可能仍不太瞭解「每個治療週期 Per treatment cycle」的統計數字跟妳有什麼意義？試想想，若妳已年屆 40，卵巢功能又差，很有可能打了針也出不了卵子，又或出了卵子因質素太差而做不了胚胎，根本連移植的機會都沒有，那些以「每個移植週期 Per transfer cycle」的數字對妳完全沒有意義，妳需要的是「每個治療週期 Per treatment cycle」的統計數字。外國有不少專家對這種處理「IVF 成功率」做法也表示異議

[Norbert-2016] –「……been widely misrepresented in the literature since they almost universally report outcomes only in reference to embryo transfer. These outcome reports, however, do not include outcomes for poorer prognosis patients who do not reach embryo transfer…」（……有關數據不適當地在文獻中被報導，因他們均以「移植週期」為基數，而那些情況較差的病人則因未有胚胎移植而未能於數據中反映出來）！

有了這個表，例如打算在瑪麗醫院做 IVF，便可自行推算「持續妊娠率（／已開始週期數目）」。

5. 嬰兒活產率

這可能是成功率的最重要指標，在香港，已有公家醫院及私家醫院的 IVF 中心提供嬰兒活產率這個重要數字，可惜私家醫院的 IVF 中心數字卻沒有說明計算方法。以下是有關 IVF 中心及香港人類生殖科技管理局 2017 年的數字：

	香港人類生殖科技管理局	私家醫院的 IVF 中心	公家醫院 IVF 中心	香港人類生殖科技管理局	私家醫院的 IVF 中心	公家醫院 IVF 中心
	鮮胎移植			凍融胎移植		
病人數量	1052+3004 = 4056			3340		
治療週期（已開始週期）數量	1285+3784 = 5069			4439		
移植週期數量	564+1341 = 1905			4369		
嬰兒活產數量	147+306 = 453			1285		

	香港人類生殖科技管理局	私家醫院的 IVF 中心	公家醫院 IVF 中心	香港人類生殖科技管理局	私家醫院的 IVF 中心	公家醫院 IVF 中心
	鮮胎移植			凍融胎移植		
嬰兒活產數量 / 治療週期	453/5069 = 8.9%			1285/4439 = 28.9%		
嬰兒活產數量 / 病人數量	453/5069= 11.2%			1285/3340 = 38.5%		
嬰兒活產數量 / 移植週期	453/1905 = 23.8%	32%	約 29%	1285/4369 = 29.4%	39%	約 30%

　　香港人類生殖科技管理局提供關於鮮胎移植的數字是分了 IVF 及 IVF+ICSI，為方便比較，將兩者的病人數量，週期數量加起來方便比較。

　　香港人類生殖科技管理局數據：https：//www.chrt.org.hk/tc_chi/publications/files/table15_2017.pdf

　　私家醫院的 IVF 中心只提供嬰兒活產率數字，未見有計算方法，按一般 IVF 中心提供統計數字處理，皆以移植週期為基數。

　　公家醫院之統計以圖表顯示，故表內之數字為約數。

6. 成功率的背後

由於幾乎所有 IVF 中心所公佈的成功率都是以「每個移植週期 Per transfer cycle」計，為了爭取更好成績（也可說是為了病人），第一個方法是每次移植多些胚胎。在香港，通常只移植一個，若胚胎質素差，可能會移植兩個，移植三個的極少。但依筆者所見，在東南亞一處很多香港人去做 IVF 的地區，By default（常規做法）是移植三個，實行「胚」海戰術！移植多胚胎的風險最大是可能出現多胞胎，對孕婦及胎兒均構成極大風險。筆者見過多次移植三個胚胎的，不知是幸運還是倒運，三個都成功，結果要做減胎手術，須知道減胎即殺胎，除了在心理上留下陰影，那個死掉的也可能引流產，導致全軍覆沒！有外國學者 [Lawrence-2008] 認為出現三胎成孕，在 IVF 裏應列為「不良結局」（Negative outcome），可見其中害處。

讀者在解讀成功率時，除了要留意計算方法外，還要留意 IVF 中心的「文化」。有些中心只移植胚囊（Blastocyst），更甚的有些只移植「胚胎植入前的遺傳學篩查（PGS）」合格的胚胎，在美國，有些 IVF 中心 80% 的 IVF cycle 都是做 PGS。反之亦有中心絕大部份的病人都是移植分裂期（Cleavage stage）胚胎。這些不同「文化」造成不同的成功率，對病人影響更大。

7. 怎樣對應

　　結論是：查閱每個 IVF 中心的成功率，先看看是「臨牀妊娠率」還是「持續妊娠率」，少部份 IVF 中心還提供「嬰兒出生率（Take-home Baby Rate）」。跟著要查詢這些數字是基於「每個移植週期 Per transfer cycle」還是「每個治療週期 Per treatment cycle」計出來。當然，以「每個治療週期」計算，只適用於鮮胎移植，凍溶胎移植仍然以「每個移植週期」計算。而對一些主張放雪胎的 IVF 中心，鮮胎移植的統計數字便意義不大。

　　可能的話，看看有沒有「移植胚胎數量（/ 移植週期）」，即平均每次移植多少胚胎。最後也是最重要是，瞭解他們是否堅持病人做 PGS 或大部份都做 PGS。有了這些資料，才能更好理解「成功率」。當然某些特定機構如公立醫院的 IVF 中心，由於有嚴格限制病人（例如不超過 40 歲，基礎 FSH 不超過 10……等），他們的成績理論上應較平均為高，這些都是解讀「成功率」時應注意之處。

　　筆者也曾就此問題（Per treatment cycle vs per transfer cycle）向 IVF 中心的資深工作人員請教，他表示要求用治療週期 Per treatment cycle 作計算基數是不太可能，因病人有很多理由做了治療 Treatment 後不移植 Transfer。例如她認為放雪胎較鮮胎成功率高（坊間有此說法），或抽完卵後認為狀態欠佳而不移植，或因 OHSS（卵巢過度刺激綜合症），或因孕激素 Progesterone 過高不宜移植。此全都是 IVF 中心所不能控制，並非 Data massaging（美

化數據）。他言之有理，從上表中香港人類生殖科技管理局的數據中已可見 – 4056 個病人，5069 個治療週期，只得 1905 個移植週期，除了少數成績極差造不成胚胎的，相信絕大部均是把胚胎冷藏留待放雪胎用。由於有這些難以預測的情形，故有學者提出採用「累計活產率 Cumulative live birth rate」，即一個治療週期裏所培育的胚胎，在一定時間內（例如兩年），不論進行了多少個移植週期，當中包括鮮胎 / 雪胎移植，只要有成孕 / 活產的都計數，這個演算法的好處是避免因為放鮮胎、雪胎、胚囊、分裂期胚胎、做 / 不做 PGS…等所帶來的誤差。讀者若對此有興趣，可到美國的 SART（The Society for Assisted Reproductive Technology）網站裏找，較容易的方法是 Google「Sart cumulative success rate」。筆者也聽聞，香港有公家醫院也朝這個方向去公佈他們的成功率，可能讀者在閱讀此書時，這家醫院已有「累計活產率」提供給市民參考。

簡單來說，病人應認真搜集資料，更應查閱本地的政府相關部門的資料，以作比較。以香港來說，香港人類生殖科技管理局（http：//www.chrt.org.hk）的網站裏便有很多有用的統計數字，以便病人可與她心儀的 IVF 中心比較。

一般讀者，看完本文，心中感覺就只是「以後對這些數字小心些」。但對那些狀況差的病人來說，瞭解這些數字背後的因由，可能改變了她們對 IVF 的期望。但不論那類病人，看過本文後，希望她們在心理，時間與金錢方面皆更好預備。

中藥・針灸與試管嬰兒（IVF）

參考文獻

Norbert-2016	Norbert Gleicher & Vitaly A. Kushnir & David H. Barad The impact of patient preselection on reported IVF outcomes J Assist Reprod Genet （2016） 33：455–459 DOI 10.1007/s10815-016-0673-9
Lawrence 2008	Lawrence Grunfeld, M.D.,Martha Luna, M.D., Tanmoy Mukherjee, M.D., Benjamin Sandler, M.D., Yui Nagashima, B.A., and Alan B. Copperman, M.D. Redefining in vitro fertilization success：should triplets be considered failures? Fertility and Sterility Vol. 90, No. 4, October 2008, Pages 1064–1068， DOI：https：//doi.org/10.1016/j.fertnstert.2007.07.1360